构图君
编著

大片这么拍！
全景摄影
高手新玩法

清華大學出版社
北 京

<h1 style="text-align:center">内 容 简 介</h1>

　　本书是一本全景大片摄影宝典，核心是帮助摄影者拍摄出180度至360度的全景大片！从静态图片到动态漫游，前期加后期，一书就精通！立马让你拍出的照片高端、大气、上档次！

　　本书具体内容包括：全景照片快速入门、拍前准备、相机设置、拍摄要领、拍摄实战、拼接合成、后期处理、软件深造、高动态范围全景、效果展示和应用。

　　书中特色内容包含：6种全景摄影新式设备、7种全景漫游制作技巧、9种全景视觉选择技巧、13种全景后期拼接技巧、15种全景后期修补技巧、18种全景摄影构图技法、18种HDR全景拍摄技巧、19种全景拍摄要领、21大全景拍前准备等。

　　另外，书中还介绍了10多款全景软件的使用方法，如PTGui Pro、Photoshop、Pano2VR、Object2VR、Photomatix Pro、Flexify插件等PC全景软件，以及360 Panorama、3D全景拍照、DMD全景拍摄、百度圈景、Cycloramic等手机全景摄影APP。

　　本书案例丰富，实战性强，适合全景摄影爱好者等摄影人士阅读。

本书封面贴有清华大学出版社防伪标签，无标签者不得销售。
版权所有，侵权必究。 举报：010-62782989，beiqinquan@tup.tsinghua.edu.cn。

图书在版编目(CIP)数据

　　大片这么拍！全景摄影高手新玩法 / 构图君编著. —北京：清华大学出版社，2018（2021.8重印）
　　ISBN 978-7-302-50389-7

　　Ⅰ. ①大…　Ⅱ. ①构…　Ⅲ. ①全景摄影—摄影技术　Ⅳ. ①TB864

　　中国版本图书馆CIP数据核字(2018)第122966号

责任编辑： 杨作梅
装帧设计： 杨玉兰
责任校对： 周剑云
责任印制： 宋　林

出版发行： 清华大学出版社
　　　　　网　　　址：http://www.tup.com.cn, http://www.wqbook.com
　　　　　地　　　址：北京清华大学学研大厦A座　　　　　邮　　编：100084
　　　　　社 总 机：010-62770175　　　　　　　　　　　邮　　购：010-62786544
　　　　　投稿与读者服务：010-62776969, c-service@tup.tsinghua.edu.cn
　　　　　质量反馈：010-62772015, zhiliang@tup.tsinghua.edu.cn
印 装 者： 涿州市京南印刷厂
经　　销： 全国新华书店
开　　本： 185mm×210mm　　　　**印　张：** 15.6　　　　**字　　数：** 217千字
版　　次： 2018年8月第1版　　　　　　　　　　　**印　　次：** 2021年8月第4次印刷
定　　价： 69.80元

产品编号：073178-01

前言

　　熟悉我的摄友，都知道我是一个构图深度研究、分享者，在我的公众号"手机摄影构图大全"里，细分、挖掘了1000多种构图技法。其实，我还是一名全景摄影爱好者，曾创办过全景摄影组织，组织、带领许多爱好全景摄影的朋友实拍过很多场全景，比如说270度拍摄长沙的火车站、360度拍摄橘子洲头等。

　　在写完《大片这么拍！手机摄影高手新玩法》和《大片这么拍！旅游摄影高手新玩法》这两本书后，我开始策划这本全景摄影图书，希望将这些年全景摄影的一些心得和大家分享。

　　大家都知道，随着手机摄影功能的增强，普通数码相机逐渐退出市场，与此同时，人们收入水平的提高，也使得单反相机的价格越来越能够被接受，单反相机开始进入平常百姓家。而能够拍出全景大片，是每个拍摄者的梦想。

　　现在的拍摄者，对于照片质量的要求越来越高，而现在的相机和手机基本能满足拍摄者的质量要求。那么拍摄者的下一个追求是什么？有句俗话：天下大事，必做于专、做于细。现在任何人用手机都能拍出好照片，但如何能拍出180度、270度，甚至是360度的大画幅照片，应该是每个拍摄者想达到的境界。

　　本书是一部全景摄影深度实战笔记，上百种实用全景摄影核心技巧帮你一步步征服各种全景拍摄的难点和痛点，使你从菜鸟转变为全景摄影高手。

　　在本书的写作过程中，我总结了许多关于拍摄全景方面的经验和操作，想要跟大家分享，下面提炼了21条。

　　第1条：全景构图是一种广角图片，全景图这个词最早是由爱尔兰画家罗伯特·巴克提出来的。全景构图的优点，一是画面内容丰富；二是视觉冲击力很强，极具观赏价值。

　　第2条：全景图片最大的亮点，是大画幅，全景拍摄的都是180度以上的视觉景像，有的是360度，甚至是720度，突破了常规摄影的视野，画面更长、更宽，因此给人的视觉冲击强烈，给人感觉全面、大气、高端、上档次。

第3条：全景摄影，在旅游出行、景区推广、酒店宾馆、房产楼盘、娱乐设施、虚拟景观等商业领域的应用也越来越广，给单反摄影者带来了更多商机。

第4条：现在的全景照片，一是采用手机本身自带的全景摄影功能直接拍成，这种方法简单实用，但纵向的空间展现比较有限；二是运用单反相机拍后进行后期接片；三是手机下载全景拍照APP拍摄或后期APP接片。

第5条：拍摄全景图片已经是每个拍摄者的需求和追求，所以手机研发者在不断地扩展和完善全景拍摄功能，以满足市场上拍摄者的需要，如苹果手机已经从硬件方面解决了这个问题，安卓系统的手机也推出了360度全景摄影APP，而且这类的APP越来越多，这是因为手机开发商或软件开发商都想占领全景图片拍摄的市场。

第6条：外置镜头相当重要，如使用鱼眼镜头可以轻松拍摄单张视角达180度的照片，也就是说，拼接一幅360度的照片只需要3张原片即可。

第7条：全景摄影还需要掌握一些辅助器材的使用方法，如三脚架、全景云台、遥控器等，这些器材可以让拍摄更加轻松、准确，并且还能提升稳定性，让照片的拼接效果和品质更佳。

第8条：对使用单反相机进行全景拍摄的人来说，通常还要使用计算机进行后期拼接，而且对于计算机的配置要求也比较高，这一点大家也需要重视，尤其是720度的全景漫游影像，性能太差的计算机拼接和处理起来可能会让你欲哭无泪。

第9条：使用相机拍摄全景照片前，还需要进行统一的参数设置，如白平衡、ISO、文件大小、文件格式、光圈、快门模式、测光曝光等，只有做好这些准备工作，才能事半功倍。

第10条：全景摄影前期需要掌握八大步骤，分别为取景对象设置最大尺寸、测光系数设置为M挡、转换对焦改手动模式、找共同点定拍摄类型、平移拍摄三分之一重、查看照片多补拍几组、手挡镜头区分每组照、后期合成裁剪调颜色。

第11条：全景拍摄有三大基本方法，是单机位旋转法、多机位横拍法、多机位视差法，我们可以从简单的单机位旋转法开始学起，一次拍2张、3张进行拼接，掌握要点后再慢慢增加拍照数量，一步步提升自己的全景拍摄技能。

第12条：全景摄影有三大基本模式，如横列模式、纵列模式、矩阵模式等，同样可以从简单的做起，这样不会觉得很难、很累。其中矩阵模式应该是最难学习的，大家要记住一个要点，那就是每张照片的重复区域尽可能达到三分之一。

第13条：全景摄影的构图原则是照片主题突出、画面主体明确、优先考虑前景、多观察上与下，同时还可以结合不同的画幅，如横幅、竖幅，常用的构图方式有透视构图、水平线构图、对称构图、黄金比例构图、三分线构图等。

第14条：平视和俯视角度拍摄全景是比较容易的角度，尤其是俯视，正所谓"站得高、看得远"，俯视有助于展现更加广阔的场景。

第15条：要想成为全景摄影高手，还需要学会处理全景影像的透视压缩，可以利用景深、削弱透视以及调整对象距离等方法来压缩透视感，达到主题突出的创作要求。

第16条：全景摄影作品难免会产生扩展与畸变，我们可以反向思考，既要强调这种变化，又要注重真实的场景展现。

第17条：PTGui Pro和Photoshop是常用的全景后期拼接软件，其中PTGui Pro更加专业，而且拼接功能也更加丰富，大家一定要熟练掌握其使用方法。

第18条：Photoshop更多的是进行全景拼接后的修补操作，如补天补地、消除重影和残影、校正偏色问题、修复瑕疵、校正和拉直地平线、锐化降噪处理、保护和扩展全景动态范围以及对全景局部进行调整润饰等。

第19条：全景摄影的一大难点就是补天补地，尤其是补地比较复杂，有时候还需要对地面进行单独的补拍，因此大家还需要利用各种工具来更快更好地完成这项任务，如Pano2VR、Flexify都可以快速补天补地。

第20条：高动态全景摄影技术可以有效克服大多数相机传感器动态范围有限的缺点，将照片的色调控制在人眼识别的范围之内，使用HDR能将多张曝光不同的照片叠加处理成一张更好的照片，这对全景摄影来说非常重要和实用。

第21条：大家如果不满足平面的全景欣赏需求，也可以将全景作品做成360度以及720度的VR漫游效果，获得细腻的视觉享受。当然，也可以借助各种新式的全景设备来快速实现全景漫游效果，如3D全景相机、VR全景相机等。

本书是我在体验全景摄影过程中的一点经验和技巧分享，如果大家有疑问，或者想学习更多的手机摄影构图技巧，非常欢迎与我沟通，我的微信号是157075539，我的公众号是"手机摄影构图大全"。

本书由构图君编著。参与编写的人员还有苏高、周振海、王玲、张配权、胡杨、周震宇、刘胜璋、刘向东、刘松异、刘伟、卢博、周旭阳、袁淑敏、谭中阳、杨端阳、李四华、王力建、柏承能、刘桂花、谭贤、谭俊杰、徐茜、刘嫔、柏慧等人，同时感谢北京摄影师王凯提供封面图片，还有徐必文、黄建波、甜康、罗健飞等优秀摄影师为本书提供了照片，在此一并表示感谢！

编　者

目录

CONTENTS

第5章　视角选择，180 度、270 度、360 度的拍摄　　　121

第6章　高手进阶，压缩透视、扩张与畸变的调控　　　137

CONTENTS

第9章　HDR 影像，高动态全景摄影技术的应用　　　　245

PART 01

09:41

3G

第 1 章

新手入门，
全景摄影需
要的硬件和
软件

UNIT

01 认识全景摄影

在没有数码影像技术的时代,人们想要得到全景照片,只能是使用全景相机旋转拍摄或者在暗房中进行手工拼接,这对普通的摄影爱好者来说,都是非常难以做到的。

随着数码相机、摄影技术、后期软件的发展,我们可以通过相机、手机等轻松拍摄出全景影像作品,而且可以非常方便地运用计算机进行后期拼接。任何人都可以尝试制作视角惊人的全景作品。

1 什么是全景摄影

所谓"全景摄影"就是将所有拍摄的多张图片拼成一张全景图片。它的基本拍摄原理是搜索两张图片的边缘部分,并将成像效果最为接近的区域加以重合,以完成图片的自动拼接。

图1-1

【摄影:王凯】

图1-2

　　随着科技的发展，全景摄影技术得到了巨大的提升。从早期手动多张拼接，到后来通过Photoshop等软件来自动拼接多张照片，再到现在的智能手机具有"现拍现接"的全景拍摄模式，不光节省了大量的摄影成本，而且作品的效果也变得越来越完美，如图1-1所示为全景摄影作品。

　　如图1-2所示，通过欣赏该幅全景作品，我们可以看出全景摄影的特点：宏伟大气，从180度到270度，甚至是360度，全景摄影都能兼顾，并完美表现主体。要达到这个效果，拍摄者需要掌握基本的拍摄技巧，并知晓相关全景拼接软件的应用方法。

2 ▶ 全景摄影的发展历史

其实，古人很早就在探索全景摄影了，如北宋画家张择端创作的传世之作《清明上河图》，其宽为25.2厘米，长达到了528.7厘米，并且采用了散点透视构图法，在500多厘米长的画卷里，展现了当时汴京以及汴河两岸的自然风光和繁荣景象。如图1-3所示为《清明上河图》的部分内容，这是比较古老的通过全景展现空间场景的艺术形式。

图1-3

到了近代，随着摄影技术的发展，通过摄影来记录全景画面成为比较流行且可行的方式。在胶片摄影时代，人们尝试用各种宽幅相机、摇头相机以及旋转式相机来拍摄全景影像，但这时只能通过手工拼接的方式获得成品，而且也只能进行静态展示，设备非常昂贵，操作也比较专业，对普通人来说，这些都难以实现。

随着数码时代的到来，各种全景摄影器材不断涌现，为全景摄影带来了全新的创作手法，同时计算机、网络、单反相机的发展，让人们开始享受到了全景摄影的乐趣，并且逐渐流行起来。

如图1-4所示，为捷宝AD-10全景云台，可以轻松实现360度旋转自动拍摄全景影像。

当然，使用传统相机是无法直接拍摄出全景照片的，需要经过复杂的操作拍摄多张照片，然后通过后期拼接合成才能获得全景效果。如今，大部分相机甚至手机都具备了"傻瓜式"的全景拍摄功能，无须后期处理即可轻松获得一张大气磅礴的全景照片。

目前，一些手机全景APP的开发使得手机全景摄影成为热门，无论是专业的摄影师还是摄影爱好者，利用手机内置的全景功能或者下载安装APP，都可以随时随地拍出大气十足的全景照片（见图1-5）。

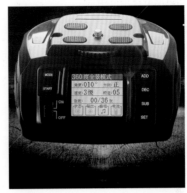

图1-4

图1-5

3 全景摄影的特点优势

　　全景摄影带来了一种新的摄影艺术形式，可以在照片中扩展人们的视野，而且还能带来"浸入式"的看图体验，同时能够满足更多的摄影创作和商业需求。下面来了解一下全景摄影的优势。

　　（1）视角更大。全景摄影突破了普通相机固定的宽高比画幅，可以覆盖四面八方，同时包括水平360度和垂直360度方向上的景物，人们在欣赏时能够全方位、全视角地查看照片，如图1-6所示。

图1-6

（2）交互更强。不同于传统的二维平面图像，全景摄影可以通过计算机和互联网技术，实现VR漫游功能。运用VR技术可以生成一种虚拟的情境，这种虚拟的、融合多源信息的三维立体动态情境，能够让观众沉浸其中，就像经历真实的世界一样。例如，很多电子地图就运用了全景摄影技术，让人们坐在计算机前就可以看到街上的真实景象，拥有身临其境的感受。如图1-7所示，为百度的全景地图效果。

（3）形式更多。全景摄影可以与各种多媒体形式结合来展现作品，如音频、视频、文字、动画、网页等都可以添加到全景作品中，从而增强人们的欣赏欲望。

专家提醒

直白地说，虚拟现实技术就是一种仿真技术，也是一门极具挑战性的时尚前沿交叉学科，通过计算机，将仿真技术与计算机图形学、人机接口技术、传感技术、多媒体技术结合起来。

图1-7

例如，在H5中运用720度全景技术，可以更好地展示企业的环境、产品等特点，适用于旅游景点、酒店展示、房产全景、公司宣传、商业展示、空间展示、汽车三维、特色场馆、虚拟校园、政府开发等多种场景下的营销需求，可以让H5变成一个全天24小时不间断的在线展示窗口。

例如，汽车之家在WAP网站中就运用了720度全景技术，来展现汽车内的空间，同时还会显示各种配置，可以点击其中的配置名称查看更加详细的视频介绍，让看车、选车更加轻松，同时也使汽车销售更轻松有效，如图1-8所示。

（4）观赏性更好。全景摄影可以容纳更多的景物和对象，对不同的人来说，可以在其中选取和放大自己感兴趣的部分内容来浏览，由此可以产生不同的画面视觉效果，同时带来不同的氛围和感染力。

图1-8

（5）信息量更大。全景影像不同于普通照片的优势在于，它可以在后期应用互联网访问，添加文字、视频、音频等内容来强化信息的表达，不仅可以真实地反映拍摄的实景内容，还能在其中展现更多的附加信息。例如，《BMW中国文化之旅》这个H5页面中就运用720度全景展示技术，可以自由切换控制全景模式和视角，同时还有"鱼眼""小行星"等多种视角供选择，可以看到更多的展厅信息，如图1-9所示。

图1-9

（6）应用更广泛。如今，全景摄影技术已经应用到各个行业中，如在旅游、家具、房产、汽车、娱乐、酒店、学校、展览等行业，与传统互联网和移动互联网媒体相结合，传播更轻松，交互更方便，形式更多样。

例如，很多汽车都具有全景倒车影像系统，就是利用全景摄影技术，在汽车的四周安装摄像头，然后通过无缝拼接的适时图像信息，形成一幅车辆四周无缝隙的360度全景俯视图，视角超宽，可以帮助驾驶者了解车辆周边的视线盲区。

02 全景摄影的三大类型

全景摄影技术出现的时间虽然比较早，但对很多人来说，这种摄影技术还相当新鲜，因此，大家需要多掌握一些全景摄影的基本知识。本节主要根据不同的全景展现形式，将其分为三大类型：柱形全景、球形全景、对象全景。

1 柱形全景

柱形全景可以这样理解，将相机放置于一个圆柱体的中央位置，然后朝着一个方向水平旋转360度，拍摄多张照片并进行拼接，即可得到一张水平360度的柱形全景图，这应该是最为简单的全景虚拟形式，如图1-10所示。

通过柱形全景图，拍摄者可以环水平360度浏览周围的景色。当然，在全景浏览器中查看时，只能用鼠标左右拖动，而不能进行上下拖动的操作，也就是说上下的视野被限制在一定的范围内，通常这个垂直视角要小于180度，无法看到天空和地面的全景。对柱形全景来说，我们只需要上下各补拍一张照片，即可得到360度×180度的全景图。

举个很简单的例子，人的双眼就相当于两个镜头，可以捕捉位于人正前方左右两侧的画面景物，然后通过视觉神经传输到大脑，拼合成一幅完整的画面，这样人就看到前方的各种物体。而全景则是通过相机镜头捕捉位于人周围360度的画面来进行拼合。当然，人眼的累加视角要更大一些，因为我们可以通过转动头部和身体，来观察前后左右和上下的空间场景。

图1-10

2 球形全景

图1-11

球形全景就是用相机多角度环视拍摄四面八方以及上下方的天地，拍摄多张照片后经过拼接，即可得到一个空心圆球形状的画面场景（见图1-11），视点则刚好位于这个圆球的正中央，可以实现360度×180度的全视角展示，如图1-12所示。

专家提醒

　　在观看球形全景图时，我们还可以放大、缩小画面进行更加细致的浏览。

　　另外，经过深入的程序编辑还可以实现场景中的热点链接、多场景之间虚拟漫游、雷达方位导航等功能。

图1-12

3 **对象全景**

　　对象全景主要是用于展现某个对象的三维形象,拍摄时通常将相机机位固定不动,然后360度旋转被摄对象,每转动到一个均匀的角度就拍摄一张照片,直至环绕拍摄一周,然后将这些同等半径和角度下拍摄的照片进行拼接,并生成Flash格式或者其他全景格式的文件。

　　在计算机或互联网上浏览对象全景图时,我们可以通过鼠标拖动任意旋转被摄对象,多角度查看其3D全貌。对象全景图可以应用于展示各种物品,如玩具、汽车、文物、艺术品等。例如,在吉利汽车的车型页面中,可以进入到"360度展示"页面,然后旋转其中的汽车图片,进行多角度欣赏,如图1-13所示。

图1-13

UNIT

03

全景摄影的拍摄器材

全景摄影由于拥有更好的观赏性和艺术性得到了快速的发展，各类型拍摄器材与辅助器材（附件）也随之产生。本节主要对全景摄影的适用器材进行简单的介绍。

1 数码相机

从理论上来说，所有类型的数码相机都可以用来拍摄全景照片，这一点的要求不高，包括单反相机、微单相机、卡片相机、长焦相机、家用相机等。

当然，要想快速拍摄出美观的全景照片，最好还是使用135数码单反相机，这种类型的图像传感器具有优势，响应速度比较快，而且还有丰富的镜头选择、卓越的手控能力以及丰富的附件等，同时拍摄的照片可以非常方便地进行后期处理，能够很好地满足全景摄影的要求，如图1-14所示。

图1-14

2 智能手机

智能手机的摄影功能在过去几年里得到了长足进步，手机摄影也变得越来越流行，其主要原因在于手机拍照功能越来越强大、手机价格比单反相机更具竞争力、移动互联时代分享传图更便捷等。手机拍照功能的出现，使摄影变得更容易实现，手机拍照成为人们生活中的一种习惯，如图1-15所示。

如今，很多优秀的手机摄影作品甚至可以与数码相机媲美。随着高像素智能手机的普及，前置摄像头升级的加速及一系列配置的升级，都让数码相机市场受到了严重的冲击。不得不说，如今的手机研发人员在拍照功能上十分用心，这就注定了手机摄影能够在全景摄影领域占有举足轻重的地位。

目前，大部分的Android智能手机只需要一两千元，就具备几百万甚至上千万的拍照像素，而

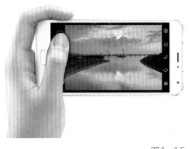

且大部分都具有全景拍摄模式，价格比入门级单反相机更具优势。

另外，使用手机拍摄全景照片后，还可以通过各种内置的APP直接进行美化、分享等操作，而单反相机则需要通过数据线上传到计算机，然后下载特定的软件对其进行处理，再利用计算机网络进行分享，其操作难度和复杂程度远远大于手机，这也是手机全景摄影流行的一个重要原因。如图1-16所示，为一张手机拍摄的全景照片。

图1-15

图1-16

如今，人们看到美丽的风光时，很自然地就会拿出随身携带的手机拍照，拍完直接发到微博或者朋友圈，及时分享成为一件很快乐的事情。

3 外置镜头

在使用相机拍摄全景照片时，外置镜头相当重要。我们可以根据要拍摄的场景大小、图像分辨率及图像类型等，来选择一个合适的镜头。

（1）鱼眼镜头。

鱼眼镜头是拍全景不错的选择。鱼眼镜头其实是超广角镜头中的一种特殊镜头，由于它的前镜片直径很短且呈抛物状向镜头前部凸出，看上去和鱼的眼睛非常像，因此俗称为"鱼眼镜头"，如图1-17所示。

图1-17

专家提醒

鱼眼镜头的焦距通常为16mm或更短，而且视角接近或超过180度，以求达到或超出人眼所能看到的范围。

图1-18

人们在实际生活中看见的景物通常是有规则的固定形态，而鱼眼镜头可以让相机或者手机拍摄更加宽广的全景画幅，使用鱼眼镜头拍摄的画面与人们眼中的真实景象存在很大差别，如图1-18所示。

（2）广角镜头。

广角镜头的焦距通常都比较短（小于20mm），视角较宽，而且其景深很深，对于拍摄建筑、风景等较大场景的全景题材非常适合，如图1-19所示。与标准镜头相比，广角镜头的焦距更短、视角更大；与鱼眼镜头相比，广角镜头的焦距更长、视角更小。

图1-19

　　广角镜头最主要的特点是视野宽阔、景深深，可以使前景呈现出一种夸张的状态，同时表现出景物的远近感，增强画面的感染力，是全景摄影中比较常用的镜头类型，如图1-20所示。

图1-20

（3）变焦镜头。

变焦镜头可以在一定范围内改变焦距比例，从而得到不同宽窄的视角，使拍摄远景和近景都毫无压力，如图1-21所示。

图1-21

通过在相机上加装变焦镜头，可以在保持原拍摄距离的同时，仅通过变动焦距来改变拍摄范围，对于画面构图非常有用。使用变焦镜头拍摄全景影像时，需要注意调整到合适的焦段，最好使用胶带固定好镜头上的变焦环，避免在移动镜头时碰到变焦环，从而导致焦距改变。

全景摄影的辅助器材

要想拍摄出清晰、完美的全景影像效果，仅仅依靠高像素、高价格的相机镜头及具备高超摄影技术的摄影师是远远不够的，还需要借助一些摄影附件，它们可以帮助你在拍摄时更好地稳固和移动镜头，快速完成全景影像的拍摄。

1 三脚架

三脚架的主要作用是在拍摄全景影像时，能很好地稳定相机或手机，以便实现特别的摄影效果，如图1-22所示。购买三脚架时注意，它主要起到一个稳定相机的作用，所以是否结实是需要重点考虑的因素。而且，由于其经常被使用，所以又需要有轻巧方便、易于随身携带的特点。

三脚架的首要功能就是稳定，为创作好作品提供了一个稳定平台。拍摄者必须确保相机或手机重量均匀分布到三条架腿上，最简单的确认办法就是让中轴与地面保持垂直。如果拍摄者无法判断是否垂直，也可以配一个水平指示器。

如图1-23所示，为一正在使用三脚架进行拍摄的手机。

三脚架在拍摄全景影像时的基本作用如下。

（1）将相机或者手机固定在一个点上，在拍摄过程中，镜头可以将这个点作为中心进行转动，将其当作镜头前"入瞳"的位置。

（2）保证在转动拍摄过程中处于一个合适的水平位置，并且不能偏移这个点中心所在的水平线，保证所拍摄的照片处在相同的高度位置。

（3）在进行长时间曝光时，三脚架可以支撑相机和镜头的重量并保持稳定，使拍摄的图像不会产生模糊的问题。

快装面板
调节云台 360 度旋转
中轴锁紧手钮
转动、垂直调节手钮
中轴升降摇柄
便携手柄
优质铝合金材质
脚管撑开角度固定钮
重物挂钩
万向轮防滑脚垫

图1-22

图1-23

2 独脚架

独脚架是指只有一个"脚"的脚架，也可以用于拍摄全景影像，使用时只需要横向360度锁紧旋钮，精准固定相机或手机，即可非常顺畅地完成全景拍摄，如图1-24所示。

另外，独脚架还可以配合鱼眼镜头使用，这样在旋转过程中只需要拍摄3张照片，即可在后期拼接出很好的三维空间影像。需要注意的是，拍摄时必须调整并保证相机处于水平状态。

如图1-25所示，是使用独脚架拍摄的照片。

图1-24

独脚架的底座上通常具有360度水平刻度，方便了拍摄者在风光摄影中拍摄全景照片，创作出壮丽大气的全景作品。关于脚架的选择，大家记住一个原则即可：什么稳就用什么。

3 全景云台

三脚架与独脚架上面通常都配置了全景云台，同时带有水平校正仪，可以调整水平后再安装相机，如图1-26所示。在旋转拍摄过程中，至下一张拍照节点时，很多全景云台都会有"咔嗒"的触感反馈声，这可以帮助拍摄者轻松控制全景拍摄。

全景云台的主要作用在于：无须看刻度，可以实现高速拍摄；旋转底座带有触感定位装置，可以让每次旋转的角度一致；不会漏拍；拍摄者在拍摄时还可以腾出部分的视线，去更好地观察被摄对象，从而更加方便地控制画面的曝光和景深。

图1-25

防滑橡胶垫

TY-50E快装板

水平拍摄校正仪

快装板夹紧旋钮

快装板安全保险按钮

水平旋转锁紧旋钮

球体阻尼调节大旋钮

底部通用型3/8螺孔

全景拍摄刻度值

图1-26

4 快门线

快门线可以支持对焦和快门等操作，这样，我们在拍摄全景照片时，无须接触相机快门按钮，可以有效防止抖动，如图1-27所示。

图1-27

5 遥控器

遥控器其实就是无线快门，在快门线的基础上将线去掉了，使用起来更加方便，而且可以实现远程遥控，通常操作方式为"半按对焦、全按拍照"，如图1-28所示。

遥控器包括接收器和发射器两部分，通过2.4GHz无线数字信号进行传输，距离远达100米，没有角度限制，而且不受强光干扰。当接收器启用时，信号指示灯将会持续闪烁。接收器不装电池时，使用相机连接线连接相机后，还可以作为相机快门线使用，如图1-29所示。

图1-28

图1-29

6 全景高杆

全景高杆又可以称为高位全景摄像机、加高杆、摄影高杆等，承重可达8千克左右，可以与多功能电动摄影云台配合使用，最大化地展现各种摄影创意，轻松拍摄会议现场、模特走秀，拍全景、拍矩阵、拍建筑物，具有高人一等的视角，不用担心找不到好的角度，想怎么拍就怎么拍，让摄影作品独树一帜，如图1-30所示。

拍摄者可以将相机安装在全景高杆上，升高后进行悬空式全景摄影，配合遥控器，可以拍摄出比普通脚架更加震撼的视觉效果。普通全景高杆的高度可达7米左右，如果是订做的全景高杆，则可以实现更高的拍摄高度。

图1-30

7 镜头箍

　　镜头箍也可以称为镜头支座，主要用来稳固相机镜头节点，它的体积比全景云台要小很多，不但便于携带，而且还能省去全景云台，增加底部的取景面积，避免进行过多的后期补地处理。

　　镜头在镜头箍内可以自由转动而不会前后移动，有效避免了节点错误，如图1-31所示。镜头箍的底座可以加快装板开燕尾槽，成为便捷的360度全景云台，同时又不影响常规拍摄。

　　不过，镜头箍的缺点也比较明显，那就是不能进行上下调节，对补拍底部和顶部来说相当麻烦，同时对镜头的水平不能很好地把握，也无法进行均等分区拍摄。

图1-31

UNIT

05

全景摄影的后期软硬件

对数码相机的全景摄影来说，后期处理相当重要。不同于普通的单幅照片拍摄，全景摄影的拍摄和创作都需要用到更加专业的软件和硬件工具，尤其是后期处理工具，是将多张照片合成全景照片的关键所在。

1 显示器

显示器对全景后期来说，作用是不可小觑的，因为在拍摄全景时，通常有多张照片，为了更好地查看这些照片的细节，我们就需要一台性能优良的显示器，如图1-32所示。

普通的计算机显示器容易出现色偏的现象，建议大家购买宽视角色域的、可以调整RGB三原色的显示器。色域是指颜色的广度，色域值越大所能显示的颜色范围就越广。

图1-32

2 计算机

全景照片的像素和容量通常都比较大，尤其是在拼接过程中，处理时运算量非常大，此时一台高性能的计算机就必不可少了，如图1-33所示。

建议全景处理的计算机配置如下。

（1）CPU：英特尔酷睿i7，主频3.0GHz及以上。

（2）内存：容量8GB。

（3）硬盘：500GB以上。

（4）显卡：独立显卡，显存容量8GB。

当然，低配置的计算机也可以进行全景处理，不过其速度比较慢，而且出错率也非常高，这对摄影师来说是比较痛苦的事情。

3 存储设备

在拍摄全景照片时，如果拍摄的数量比较多，那么最好多准备一些存储设备，这样不但可以在拍摄时多拍一些照片，而且在后期时也可以用作备份设备，避免照片丢失。

建议大家购买一个2TB的移动硬盘作为存储设备，备份文件时按照拍摄时间和地点做好文件夹分类，便于后期处理时进行查找，如图1-34所示。

图1-33   图1-34

Photoshop（ps）是Adobe公司推出的一款图形图像处理软件，是目前世界上最优秀的平面设计软件之一，并被广泛应用于图像处理、图像制作、广告设计、影楼摄影等行业。Photoshop目前已经升级到最新版的Adobe Photoshop CC 2017，其界面如图1-35所示。在全景后期拼接上，Photoshop虽然不如专业的拼接软件，但其在最终的图像处理功能上，如影调调整、润色、锐化处理等方面，有着不可替代的作用。

图1-35

4 全景拼接工具

　　常用的全景拼接工具主要包括PTGui Pro、Kolor Autopano Pro、Pano2VR及Object2VR等，这些都是不错的全景后期拼接工具，下面分别进行简单介绍。

　　（1）PTGui Pro。

　　PTGui Pro可以同时运行于Windows与Mac OS X平台，其照片拼接功能非常强大，可以将拍摄者拍摄的多张照片通过拼接技术快速合成为一张全景图片，如图1-36所示。

　　PTGui Pro的主要功能如下。

　　·可以用于图像拼接与混合。

　　·支持普通镜头、长焦镜头、广角镜头、鱼眼镜头等拍摄的照片。

　　·可以创建普通全景图、柱形全景图以及球形全景图。

　　·包含HDR与色调映射功能。

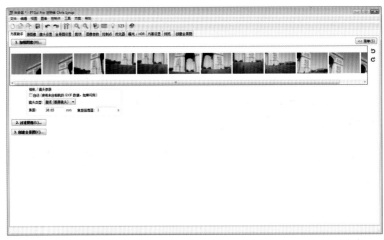

图1-36

（2）Pano2VR。

Pano2VR是一个全景图像转换应用软件，可以把全景图像转换成QuickTime或者Flash格式，便于拍摄者进行查看和分享，如图1-37所示。同时，Pano2VR也具有很好的全景补天补地功能，可以快速修补局部缺陷。另外，Pano2VR还具有强大的"皮肤"编辑和定制功能，可以制作个性化的"皮肤"。

图1-37

（3）Object2VR。

Object2VR是一款360度全景影像视频制作工具，不但操作简单，而且功能强大，可以快速将普通照片转换成HTML 5、Flash、QuickTime格式的视频，如图1-38所示。通过Object2VR，拍摄者可以自由设置输出的全景视频参数，如图片、显示、帧率、Auto Play、Zoom、皮肤等选项，可以从多个角度和位置实现虚拟的现实感影片。

图1-38

5　高动态软件

Photomatix Pro是一款功能强大的高动态软件，可以将2张或更多张不同曝光的照片形成一张更大动态范围的照片，如图1-39所示。Photomatix Pro包括两种处理方式，分别是曝光混合（Exposure Blending）和HDR色调映射（HDR Tone Mapping）。

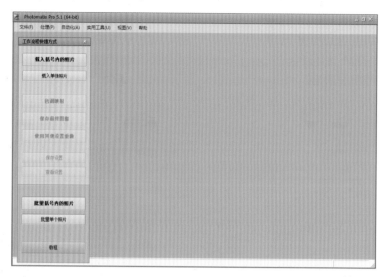

图1-39

6 全景播放器

　　当全景作品制作完成后，可以使用专门的全景播放器来欣赏柱形全景和360度全景效果，比较常用的有FSPViewer、DevalVR Player、Adobe Flash Player（见图1-40）等。

图1-40

常用的全景摄影APP

　　如果想要用手机快速获得较好的全景效果，一款实用的手机APP是必不可少的。我们可以在APP STORE或者安卓应用市场下载安装相关APP，然后利用软件拍出更美、更大气的全景照片。下面介绍几款常用的手机APP，希望对拍摄者有所帮助。

1 360 Panorama

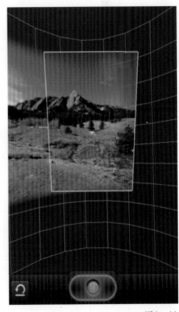

　　360 Panorama是一款拍摄超宽画幅的专业手机APP，摄影师利用它甚至可以拍摄环绕360度的全景照片。360 Panorama采用的是"扫描"式的拍摄方法，拍摄者只需要将手机对准初始位置，点击拍摄按钮，静止片刻系统就会自动开始拍摄，然后只需要朝某个方向慢慢地平移手机，中途无须再按键，软件会自动拍摄第二张、第三张，拍摄者只需要在结束时再按一次即可，如图1-41所示。

　　拍摄完成后，照片会自动保存在手机SD卡中，同时还可以在线将照片上传至网络，添加评论后点击分享。

　　目前，360 Panorama推出了iOS版本和安卓版本，拍摄者可以在APP市场中下载，让自己的手机瞬间变成全景相机。

图1-41

2 3D全景拍照

　　3D全景拍照是一款能够拍摄出360度全景图片的手机拍照软件，拍摄者只需要移动手机，即可连续捕捉心动的镜头，点击完成，软件自动处理成全景照片，如图1-42所示为作者使用该软件拍摄的全景照片。

图1-42

图1-43

在使用3D全景拍照时，拍摄者首先点击APP图标，进入拍摄界面，点击"镜头"图标即可进入拍摄状态，如图1-43所示。

进入拍摄界面，拍摄者可以看到上边和右边的重力感应器，我们能够利用手机的重力感应器，获取照片的成像角度，按照指示箭头可以进行调整，使画面更平衡，如图1-44所示。

此外，拍摄者还可以在主界面中点击"设置"按钮，对相机参数进行调整，包括通用设置、相机设置、拼接设置以及高级功能等，如图1-45所示。

选好拍摄角度后，点击"拍照"按钮，开始对选择的画面进行拍摄。通过拍摄界面，我们可以看到界面右下角有一个蓝色方框和一个红色方框，软件会在镜头移动的过程中自动取景，并利用重合部分进行拼接，点击"完成"按钮即可完成拍摄，照片自动存入手机，如图1-46（a）和图1-46（b）所示。

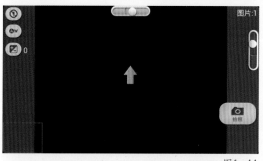

图1-44

图1-45

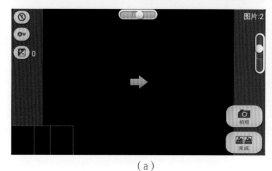

（a）

（b）

图1-46

DMD全景拍摄（DerMan Dar Panorama）APP通过全自动捕捉系统，可以帮助拍摄者瞬间创建并分享全景图片，如图1-47所示。

使用DMD全景拍摄APP,只需20秒左右的时间，即可完成照片拼接和360度拍摄工作，瞬间呈现精彩的全景效果。

图1-47

　　百度圈景是一款性能良好的360度全景拍摄APP，拍摄者只需要使用手机即可记录周围360度景色，其主要功能如图1-48所示。

　　通过百度圈景APP，拍摄者可以在手机上快速实现拍摄全景、查看全景等功能，为拍摄者带来由2D进化成3D的全新体验，如图1-49所示。另外，拍摄者可以通过这种新的拍摄方式记录生活，将拍摄的全景照片通过微博、微信等社交平台与好友分享。

图1-48

图1-49

5 Cycloramic

　　Cycloramic是一款用于拍摄全景照片和视频的APP，它最大的特点在于针对iPhone 5以上的手机进行优化，拍摄者无须手持，只要把手机放在光滑的平面或者充电器上，仅仅依靠手机振动即可自动360度旋转完成拍摄，如图1-50和图1-51所示。

　　Cycloramic的全景摄影功能也相当好用，它的拍摄界面上有对齐横线，还有一个大环和一个小环，只要小环套入到大环之中，就表示影像已经拼接上，应用就会自动拍摄。Cycloramic的拍摄方式创意十足，非常值得拍摄者体验。

图1-50

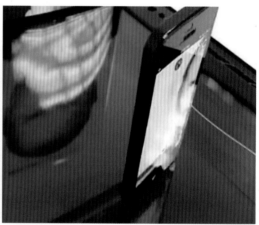

图1-51

PART 02

第 2 章

拍前准备，
设置好统一
参数才能浑
然天成

UNIT 01 全景摄影的基本参数设置

在使用单反相机或者智能手机拍摄全景照片之前，还需要设置拍摄的相关参数，以及选择合适的拍摄模式，这样才能拍摄出完美的画面效果。

1 调整白平衡

全景摄影的白平衡功能，就是让相机把任意光源都默认为"白色"。例如，在日光灯下拍摄的照片画面会偏绿，而钨丝灯下的照片画面会偏黄，这就是白平衡设置造成的。在拍摄全景照片时，建议大家手动设置色温值或者选择合适的白平衡模式，这样拍摄的多张照片的色温不会有差异，从而使拼接出来的全景作品色彩更加协调。

白平衡调整就是设置整个画面的色温，通常有自动、白炽光、晴天、阴天、日光灯等多种模式，我们在拍摄时根据现场光源的类型进行选择即可。

【摄影：林建成】

（1）自动白平衡模式。可以比较准确地还原画面的色彩，不过容易产生偏色的情况，如图2-1所示。

（2）晴天白平衡模式。适合晴朗的天气下进行户外拍摄，如图2-1中的色温非常温和，色彩还原度高，接近肉眼的观看效果。

（3）白炽灯白平衡模式。通常用于室内灯光照明的拍摄环境，可以营造出一种偏蓝的冷色调。

（4）阴天白平衡模式。适合在阴天或者多云的天气下使用，可以使环境光线恢复正常的色温效果，得到精准的色彩饱和度，同时可以营造一种泛黄的暖色调效果。

（5）日光灯白平衡模式。适合在日光灯环境下使用，同样可以营造出一种偏蓝的冷色调效果。

用单反相机拍摄全景照片时，设置适合的白平衡可以确保被摄对象的色彩不受光源的影响。我们可以根据画面色温的高低，来调整白平衡模式。

如果白天在户外拍摄单行全景照片，建议使用自动白平衡模式，虽然后期各个照片的色温会存在一点点差别，但后期拼接软件可以很好地对其进行处理。不过，在旋转镜头拍摄过程中，我们要尽可能地多留一些重叠部分，通常为三分之一左右，这样后期软件在拼接时会自动计算重叠部分的色温，从而使全景照片的整体色调更加统一。

图2-1

　　如果是采用矩阵分区捕获的方法，则最好使用手动设置色温或者选择同样的预设白平衡模式，因为这种全景拍摄需要进行补天或补地的操作，此时画面的顶部与底部色温相差通常比较大，拍出来的照片很可能出现色彩失真或不协调的情况。

　　同样，在灯光比较明亮的夜晚或者室内环境下，拍摄全景影像时，由于这种环境下的光线比较复杂，不同角度的影调变化非常明显，因此也需要使用手动设置色温或者选择同样的预设白平衡模式，以保障画面的整体色温协调。当然，我们也可以采用RAW格式拍摄，这样便于在后期对白平衡进行校正。

2 设置ISO

　　ISO感光度就是相机镜头对光线的敏感程度，感光度数值越高，则对光线越敏感，拍出来的画面就越亮；反之，感光度数值越低，画面就越暗。因此，我们可以通过调整感光度将全景照片的曝光和噪点控制在合适范围内。但需注意，感光度越高，噪点就越多。

图2-2

　　拍摄全景时注意，建议感光度的调整方法有两种：一是ISO采用自动模式；二是根据光线进行调整。因为晚上非常容易出现噪点，所以建议用自动或低感光度进行拍摄，如图2-2所示。同时，还需要协调好相机的感光度和快门速度，注意曝光时间不能太长，否则画面会产生过多的噪点，影响全景作品的画质。

3　设置文件大小

　　通常情况下，1000万像素以上的相机可以选择中等大小的文件尺寸，即可满足全景作品的画质要求，同时也不会影响后期的拼接、处理和传输。

　　如果想要获得高清画质，相机的分辨率当然是调得越高越好，不过前提是相机有足够的存储空间。如图2-3所示为手机相机的分辨率列表，以及其存储空间的大小。

　　分辨率设置得越大，获得的照片像素就越高，照片的视觉效果也就越好，而且高分辨率拍出来的照片在后期的创作空间也更大。

图2-3

4 设置影像品质

很多相机和手机都可以设置影像品质参数，建议大家将其设置为最佳品质。喜欢全景摄影的拍摄者都有一个共同点，就是希望自己能拍出好照片。例如，联想手机的设置界面中有一个"图像质量"选项，包括"超精细""精细"和"正常"3个选项，那么将其设置为"超精细"即可，如图2-4所示。

图像质量主要取决于相机的镜头、感光元件的大小及质量

图2-4

影像品质会影响照片的分辨率和清晰度，设置为"超精细"后可以获得更高的分辨率和清晰度，但图像也会更大。

5 设置文件格式

传统大画幅相机的特点是能够将拍出的照片放大至巨幅尺寸，并且成像清晰、质感真切，影调与色调层次细腻动人，色彩饱和逼真，使摄影艺术语言具有感染力、震撼力和冲击力。因此，在拍摄全景照片时，应尽量选用RAW格式，并将其拍摄的像素尺寸设置为最大。

UNIT

02 确定全景照片的拍摄张数

全景摄影通常需要拍摄多张照片进行合成，因此，我们在拍摄前需要在脑海里想象一下自己到底要多大的画面，把全景照片的拍摄张数确定好，然后才能开始拍摄。

1 不同镜头视角决定张数

我们可以根据镜头的视角来确认拍摄张数，通常情况下，大视角的镜头拍摄的张数会更少。例如，鱼眼镜头的取景角度可以达到180度，也就是说理论上拍摄前后两张照片即可得到360度全景画面。

如果是普通镜头，那么采用横幅拍摄方式，其水平视角通常为150度左右，至少需要3张横幅图片拼接成全景照片；竖幅的水平视角大约为100度，则至少需要拍摄4张竖幅图片，才能拼接成360度全景作品。当然，如果使用手机拍摄，则可以选择全景模式直接拍摄，通常1张照片即可搞定，如图2-5所示。

【摄影：邱嘉琳】

图2-5

　　根据所要拍摄的全景照片的尺寸规格来推算出大致的像素，以及需要的照片数量，同时也可以将镜头焦距确定好。通常情况下，我们可以多试拍几次，找到可以满足拼接质量的照片张数，实拍时可以酌情增加拍摄的行数和列数。

　　例如下面这张全景图，拍摄前确认好角度为180度左右，因此横向旋转拍摄4张（见图2-6），即可保证全景图片的拼接质量，如图2-7所示。

图2-6

　　需要注意的是，在拍摄户外风光题材的全景作品时，可以将地平线作为参照物进行行与行之间的搭接，这样不但有利于手持拍摄，而且也可以适当减少行数。不过，在后期拼接时，软件通常会自动对齐相邻的照片并进行视差校正，因此全景照片的边缘通常是不规则的，此时需要我们进行适当的裁剪才能得到合适尺寸规格的作品，如图2-8所示。

图2-7

图2-8

03 全景摄影的景深控制技巧

首先，我们在拍照时，要学会对准焦，就算设置再高的像素，没有准确对焦也不会有景深，照片会是模糊的。对焦是使被拍物成像清晰的过程。

1 影响全景影像的景深因素

当某一物体聚焦清晰时，从该物体前面的某一点，到其后面的某一点之间的所有景物也都是相当清晰的，焦点相当清晰的这段前后的距离叫作景深，其他的地方都是模糊的（虚化）效果。

影响全景影像的景深因素包括拍摄距离、光圈、超焦距以及对焦等。

通常，拍摄距离越近则景深越浅。当然，拍摄全景的对象通常都比较远，所以拍摄时最好使用

图2-9

超焦距，并且保证所有的前景位于超焦距的范围内。一旦超出了这个范围，则我们就需要调整光圈或是改变拍摄距离，让前景成像更加清晰，如图2-9所示。

这里给大家总结五句话。

第一，光圈越小，焦点越远，焦距越短，景深越深。

第二，光圈越大，焦点越近，焦距越长，景深越浅。

第三，对于任何光圈孔径，其焦点之后的景深范围大约是焦点前面景深的2倍。

第四，光圈数值越小，则光圈越大。

第五，光圈数值越大，则光圈越小。

在户外拍摄全景照片时，为了实现大景深的效果，保证画面中的前景、中景以及远景都是清晰的，通常需要使用较小的光圈来拍摄，也就是说将光圈的F值设置得大一些。如果不会调整，可以将镜头的最大光圈设置得略低一两挡即可，也就是在最小F的基础上增加一两挡，让主体和背景都处于清晰的状态。

【摄影：申笑芳】

【摄影：李猛】

2 ▶ **全景摄影的焦距调整技巧**

　　在拍摄全景照片前，我们需要将相机的对焦模式设置为手动，也可以将焦距环调节至无限远，从而获得大景深效果，如图2-10所示。当然，对追求高品质画面的拍摄者来说，"选择性聚焦"是更好的选择，可以有效地将全景画面的景深控制在一定范围内。

　　如果用自动焦距去拍摄，则在旋转镜头的过程中，由于主体对象的改变、光线环境的差异等影响，调焦距离都会产生变化，同时也对画面的景深范围产生影响，这样后期拼接的照片就容易出现虚实间杂、影像错位等问题。

　　拍摄者在使用可以调整光圈的手机或者外置手机镜头拍摄全景照片时，应尽量使用小光圈拍摄。这是由于大光圈容易拍出浅景深效果，而拍摄全景照片时一般不需要浅景深营造气氛，因此应使用小光圈保证远近景物全都可以清晰锐利地呈现。

3 ▶ **使用超焦距拍摄扩大景深**

　　超焦距是指将镜头聚焦调至无穷远时，镜头与最近的清晰物体之间的距离。使用超焦距是全景

图2-10

摄影中常用的扩大景深的有效方法。当使用超焦距时，由超焦距离的一半开始到无限远，所有物体都在景深范围之内，都是清晰的，如图2-11所示。

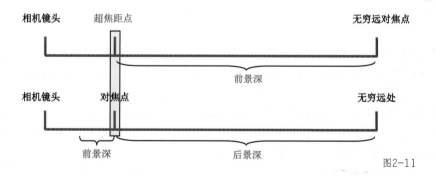

图2-11

超焦距＝镜头焦距 ＋（镜头焦距的平方除以c、F之积）

其中，F为光圈系数，c为模糊圈直径。在镜头没有景深表的情况下，可以根据这个公式来计算超焦距的大小。

UNIT

04

全景摄影的测光曝光技巧

要想成为一个优秀的全景摄影师，必须对光线具有敏锐的感知力，懂得发现和运用光线，控制和处理画面的曝光，从而获得自己所希望的画面效果。

在全景摄影中，测光曝光至关重要，它往往可以决定一幅作品的最终质量。因此，我们一定要学习全景摄影的测光曝光技巧，让照片曝光更准确，画面更清晰，从而拍出漂亮的全景作品。

1 了解宽容度与动态范围

要想掌握正确的测光和曝光技巧，首先需要了解宽容度与动态范围的基本知识，尤其是全景摄影，必须掌握和利用相机的最高动态范围，达到光的捕捉极限。

宽容度是指胶片可以容纳的景物亮度反差的范围。宽容度大的胶片可以重现明暗反差较大的场景，而宽容度小的胶片则只能重现明暗反差较小的场景，因此，胶片的宽容度越大越好。

例如，下面两张照片是作者在晴天拍摄的贺龙体育馆，第一张为直出原片，第二张则是在Lightroom中经过暗部、高光等后期处理后输出的照片，如图2-12所示。

通过这两张照片可以看出，其中最明显的区别就是高光处和暗部的曝光。原片的天空部分几乎是一片惨白，高光溢出非常严重，另外被阳光遮挡的坐台角落也比较暗淡。经过后期的曝光处理后，可以看到画面中高光和暗部的曝光更为合理，形成了一个较高动态范围的场景效果，更容易被人们接受，而且还能提升画面的观感。

（a）

（b）

图2-12

　　通过案例对比，比较容易理解宽容度的含义。可以看出，第二张照片的宽容度更高，可以更好地重现画面中最亮和最暗部分的细节与层次。

　　宽容度主要体现在胶片重现场景中明暗范围的能力，而相机的动态范围，则主要体现在相机感光元件记录场景中明暗范围的能力。可以理解为，首先由动态范围来记录明暗范围，然后再由宽容度来重现明暗范围，因此只有被相机记录的明暗范围才能再现出来，两者息息相关，都非常重要。另外，RAW格式的宽容度大，而JPEG格式的宽容度小，因此在拍摄全景照片时，应尽可能地选择RAW格式。

　　对一张全景照片来说，动态范围体现了画面中最亮到最暗的范围，通常动态范围越大，宽容度越高，两者呈正比关系。动态范围越大，照片里面记录的暗部和亮部的细节也就越多；而宽容度越高，则后期调整时可以显示出来的暗部和亮部的细节也越丰富。人眼的动态范围就非常大。例如，在夕阳下，我们可以通过双眼看清逆光的建筑，而具备高动态范围的相机也能达到这种效果，如图2-13所示。

图2-13

2 如何控制合适的曝光量

曝光并没有正确和错误的说法，只有合适或不合适。也就是说，我们在拍摄全景照片时，究竟需要什么样的曝光量才最合适。

例如，如果画面采用高调处理时比较美观，则可以适当地增加曝光量，让画面看上去有些过曝；如果想要体现暗淡的画面效果，则可以恰当地减少曝光量，让画面有一些欠曝，使画面看上去更加灰暗。

全景摄影包含的画面场景非常大，你可能要同时面对顺光、侧光、逆光等多种情况，很难做到准确的曝光处理，只能说选择相对合适的曝光，这里有3个技巧。

（1）如果准备拍摄6张照片，其中4张照片的曝光比较良好，那么剩下的2张则以前面的4张曝光作为依据。

（2）如果要突出画面中的某个主体，也可以将该主体对象所在的照片曝光作为依据，调整好适合的曝光参数，拍摄其他照片时则以主体照片作为曝光前提。

（3）计算画面的顺光、侧光、逆光3个不同光线方向的测光数据，进行加权平均，以此作为画面的曝光依据，这样可以获得曝光均衡的画面，不会出现局部的高光过曝，整个画面的直方图也比较平衡，如图2-14所示。

当环境中的光线太暗或太亮的时候，我们可以手动来增加或减少相机的曝光补偿。增加曝光补偿有两种方式：一是测光对焦，优点是方便操作，缺点是有时会失灵；二是手动增加曝光补偿，大家可以将EV曝光补偿调出来，现场试试不同参数的效果。

图2-14

【摄影：高丽如】

图2-15

3 不同测光模式的应用

　　测光模式是用相机测定被摄对象亮度的功能。根据测光范围不同，测光模式具有多种方法，我们在不同的相机上会看到至少3种以上的测光模式，如点测光、中心重点测光、平均测光。为了获得正确的画面曝光，我们需要了解这些测光模式各自的特性，在拍摄不同的全景场景时可以进行更好的区分使用。

　　拍摄全景时注意，不同的测光模式，其测光的范围和适应性也存在一定差别，使用何种测光模式主要根据我们自己的需求来选择，通常只要能够得到恰当的亮度即可。

　　（1）点测光。

　　点测光是一种比较高级的测光模式，使用该模式时，相机只会对画面中的小部分区域进行测光，准确性比较高，可以得到丰富的画面效果，如图2-15所示。

　　在室内拍摄全景照片时，在灯光的照明下，画面的明暗反差通常较大，可以利用点测光模式对强光区和阴影区分别测光，然后加权平均并进行适当修正，让亮部和暗部的曝光都更加合适。

　　由于点测光的区域比较小，因此测光结果也非常精准。在黄昏或者夜间拍摄全景时，也可以使用点测光对画面中不同亮度的区域进行测光，然后加权平均并适当地应用曝光补偿进行修正。

（2）中心重点测光。

中心重点测光模式会将测光参考的重点放在画面中央区域，可以让此部分的曝光更加精准。同时，中心重点测光模式也会兼顾一部分其他区域的测光数据，并让画面的背景细节得到保留。中心重点测光模式适合拍摄主体位于画面中央的场景。

（3）平均测光。

平均测光模式也可以称为矩阵测光或多重测光，使用该模式可以快速获得曝光均衡的画面，不会出现局部的高光过曝，整个画面的直方图也比较平衡。平均测光模式的测光范围是整体的，所以画面中的光线分布会比较平均，适合拍摄风景题材的全景作品。

例如，在晴朗的户外拍摄全景时，可以使用平均测光模式分别对画面的顺光、侧光、逆光方向进行测光，然后加权平均取中间值作为曝光依据，可以得到曝光合适的画面效果，如图2-16所示。

图2-16

4 **如何选择不同的曝光模式**

　　相机的曝光模式通常有手动曝光、AES模式、快门优先、光圈优先等，如图2-17所示。在拍摄全景照片时可以根据实际情况进行选择，也可以多尝试几种曝光模式去拍摄，看看有何区别，然后根据自己的审美来选择合适的曝光模式。

图2-17

　　（1）手动曝光模式。这是全景摄影的最佳曝光模式，可以保证旋转拍摄中的每张照片都处在一个固定的曝光值范围内，以便让后期拼接的画面质量更好，如图2-18所示。

　　（2）AE模式。全称为Auto Exposure，也就是自动模式，通常不适合用于全景摄影。使用AE模式时，每次旋转拍摄，画面的景深、曝光量、感光度等都可能产生变化，会极大地影响后期的拼接质量。

　　（3）快门优先模式。这种模式主要是根据手动设定的快门，相机会自动调整光圈值来与其匹配，从而实现正常的曝光水平。对全景摄影来说，这种曝光模式也非常不适宜，无法保障每张照片的曝光和景深都一致。

　　（4）光圈优先模式。这种模式与快门优先刚好相反，拍摄者通过手动设置光圈值，然后由相机进行测光，根据测光结果来自动调整相机的快门速度，这种模式对于画面的景深控制特别到位。因此，我们可以在一些特殊情况下，使用光圈优先模式来拍摄全景照片，如光线比较均匀的室内、多云或阴天的户外以及顶光环境等，如图2-19所示。

图2-18

图2-19

5 选择包围曝光非常重要

由于全景场景具有高动态范围的特点，因此选择包围曝光对全景摄影来说非常重要。曝光包围主要是对同一场景拍摄多张照片时，相机会利用不同的曝光数据来进行拍摄，从而更好地找到曝光合适的照片。

对全景摄影来说，采用包围曝光的方式可以最大限度地捕获画面的曝光数据，重现场景中的高动态范围。采用包围曝光时，通常要拍摄2张以上的不同曝光值的照片，如果场景中的光线环境比较复杂，则需要多拍几张。然后在后期采用高动态软件制作HDR色调映射图片，或者使用Photoshop对这些照片进行合成处理，保证场景中的各个元素达到正确的曝光。如图2-20所示，为采用3张包围曝光后期合成HDR拼接的全景图片，在这种光线复杂的情况下可以确保万无一失。

−1挡曝光补偿　　　　　　　　0挡曝光补偿　　　　　　　+1挡曝光补偿

图2-20

UNIT 05

全景摄影必须掌握的基本功

除了要设置好相机或者手机的参数外，我们还需要掌握一些基本功，这些都是全景摄影必要的准备工作。

1 ▶ 从整体角度出发

全景作品虽然是由多张照片拼接而成的，但在拍摄前，我们需要从整体的角度出发，来把握和平衡全局，不管是相机的参数设置、取景构图的形式、对焦测光的方法以及后期的拼接和调整等，都需要在拍摄前在脑海里做好一个整体的构思。

估计很多人拍照时都有这样的思考：我为什么要拍这张照片，是什么吸引我按下快门？这个吸引你的东西其实就是你要表达的主题。如果说主题是确定实实存在的东西，那么它就是你要表达的画面的思想，或者说是照片的灵魂所在。

例如，在拍摄下面这张农村街景的全景作品时，拍摄者选取了一条横穿画面的农村街道作为主体对象，以仿旧的黄色调作为整体色调，再加上杂乱的电线、落满灰尘的汽车、写满大字报的砖墙等，这些不同的元素都很好地展现了农村街景的主题，让画面的整体感非常强烈，如图2-21所示。

专家提醒

拍摄者以自己为中心，运用双边透视图的形式，让画面显得更加平衡，同时也增强了画面的空间感。

图2-21

2 检查拍摄的器材

在准备去拍摄全景照片前，还需要检查拍摄器材是否完备，主要工作如下。

（1）检查相机和镜头的各部分功能是否正常，并将镜头擦拭或清洗干净，如图2-22所示。

（2）因为全景照片的拍摄量非常大，因此我们必须将相机电池的电量充满，最好多带几块电池或者移动电源作为备用，如图2-23所示。

图2-22

【摄影：李笑楠】

图2-23

（3）检查三脚架、全景云台等设备是否完好，各种附件是否齐全，如存储卡、充电器、水平仪、数据线、快门线（或遥控器）、镜头布等。

3 ▷ 镜头要保持水平

在拍摄前，一定要调整好三脚架，保证镜头处于水平位置，拍摄的所有照片都在统一的水平线上，这样在后期拼接时才能更快、更好地得到完整的画面。

如图2-24所示，在拍摄这5张照片时，拍摄者将相机固定在三脚架上面，然后将水平线的位置确认好，通过平移镜头拍下这组照片。

图2-24

如图2-25所示，为后期拼接的全景作品效果。

图2-25

在使用手机拍摄全景时，很多具有Pro专业模式的手机都具备了水平仪功能，它是一个重力感应装置，拍摄时会在相机预览屏幕的中央位置有一条水平直线，用于拍摄时保证手持手机的水平，做一个参照网格线，便于构图。

如图2-26所示，水平仪主要用来测量手机相机是否摆正，画面中的实线为手机水平参考线，虚线为地平参考线，两条参考线可以起到调整手机、相机摆放位置的作用，从而帮助你不会把照片拍斜。

图2-26

4 保证相机的稳定

如果你拿相机的手总是不停地抖动，或者边走边拍，这样拍出来的全景照片很可能就会发虚，也就是画面模糊。为了避免出现这种情况，拿稳相机是关键。我们可以用双手夹住相机，但最好使用三脚架来固定相机，并通过云台来旋转镜头，这是比较稳定的拍摄方式，这样可以减少画面的晃动，获得清晰的全景照片效果。

5 选择适合的场景

通常情况下，全景照片都是在一些气势恢宏、场面广阔的地方进行拍摄。如图2-27所示，为连绵不绝的山脉全景图，它显示了崇山峻岭的强大气势。在拍摄场面宏大的全景照片时，拍摄的地点应该远离被摄主体，这样才能更好地展现被摄主体的气势。

图2-27

　　另外，需要注意的是，在人多的地方拍摄的画面会影响拼接效果，造成画面混乱、出现阴影的现象，尤其动态场景全景图容易因人物走动而出现多个"分身"，如图2-28所示。因此，全景拍摄应尽量选择静止的场景，当然，你如果喜欢创意的话，也可以去尝试拍摄动态的场景。

图2-28

PART 03

09:41

wifi 3G

第 3 章

拍摄要领，
掌握拍摄的
基本步骤和
常见模式

① 新手：全景摄影前期八大步骤

当我们了解全景摄影的基本知识，并做好全景摄影的拍摄准备后，即可开始第一次拍摄全景照片了。不过，对刚入门的新手来说，还需要了解全景摄影前期的八大步骤，必须一步步进行，掌握那些必须牢记的关键点。

1 取景对象、设最大尺寸

我们首先要做的是取景对象的选择，即拍摄题材的选择。如今，单反相机和手机都具有非常优秀的拍照功能，再加上各种强大的拍照附件，几乎可以胜任所有的全景拍摄题材。

【摄影：陈远健】

因此，我们只要掌握一定的全景摄影技巧，并且对自己喜欢的拍摄对象做一些深入的研究，即可轻松拍出与众不同的美丽全景作品。

如图3-1所示，拍摄的是柳州半岛的全景，拍摄者在拍摄前选取了一个非常高的取景位置，并且将柳州半岛作为主体对象，放置在画面中央，这需要提前计算好拍摄的开始点和结束点，同时还需要将画面尺寸设置为最大，以容纳更广阔的天地。

因为全景的最大特点就是画面广阔、包罗万象，越高的位置通常越能拍摄到更多更远的景物。所以在取景之前，我们可以找一些比较高的楼顶或者山顶，多踩点试拍，观察拍摄效果，从中筛选合适的取景地点。还需要注意的是将相机照片设置为最大格式，最好是RAW+JPG双格式，这样才能更好地保证全景照片的细节部分的清晰度。

② 测光系数、设置为M挡

拍摄全景可以利用光圈优先模式对取景对象进行分区测光，记下相应数值，如图3-2所示。

图 3-1

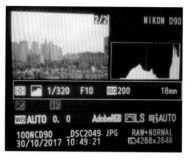

图 3-2

　　然后调到手动挡，并调好各参数，如光圈、快门、白平衡等，如图3-3所示，接下来开始拍摄全景图即可。

图 3-3

　　另外，在拍摄全景画面时，也可以利用曝光锁定来控制画面的曝光量。如图3-4所示，在拍摄这张照片前，首先将镜头对准中景的桥梁和古建筑部分，半按快门键进行曝光锁定操作，然后记下这个曝光设置的相关参数，在M挡模式下设置好这些参数，重新变换构图方式后，将快门键按到底，即可使用之前锁定的曝光量进行拍摄。

图 3-4

3 转换对焦，改手动模式

　　第2章已经提到过，全景摄影一般采用无限远对焦，然后把对焦模式改为手动，以避免各照片的景深不一致问题。

　　通常情况下，在相机上可以看到一个"AF/MF"的功能按钮，其中"AF"代表自动对焦，"MF"代表手动对焦，进行切换设置即可，前后拨动对焦环旁的按钮即可进行自动和手动对焦模式的切换，如图3-5所示。

图 3-5

另外，在使用手机拍摄全景时，支持焦光分离的手机其对焦和测光是可以分开操作的，测光用于控制曝光，使画面产生明暗变化，对焦则控制虚实，让画面主体清晰。我们在触摸手机屏幕准备拍照时，触摸点会出现两个图标，其中方形的是对焦框，圆形的是测光点，手机点击屏幕确认对焦点，然后可以拖动测光点，改变其位置。调整好画面的焦点和测光点之后，还可以长按测光点将其锁定，如图3-6所示。

图 3-6

可以通过相机的取景框或肉眼观察场景周围的特征，确定拍摄模式和类型，如横拍、竖拍或者矩阵模式等，这些都要事先确定好。例如，在拍摄海洋公园这组全景照片前，先在画面中寻找一些共同点，其中最明显的莫过于这个蓝色的水池，在前期拍摄的3张照片中都包含了水池，这个共同点有利于后期进行拼接，如图3-7所示。

图 3-7

5 **平移拍摄、三分之一重**

在进行全景拍摄时，注意相机要水平移动，而且每张照片的大小应均等。由于每个人使用的相机镜头类型和取景范围不一样，因此拍摄的照片数量也有差别，如3张、4张、6张或者更多，但是不管你拍多少张，都要将取景的画面进行均分。例如，在拍摄180度全景时，如果打算拍6张照片，那么每张照片的旋转角度应为30度，并且要让各个照片之间的重叠部分大小一致。

如图3-8所示，为香港维多利亚港的全景图，以岸边的建筑作为画面的共同点，拍摄者将相机从右至左水平旋转，拍摄了4张照片，每张照片的重合度超过了一半左右。

图 3-9

图 3-8

图 3-10

大家可以观察第一张照片中的最高的那幢建筑物，位于画面的中间位置处；到了第2张照片中，最高的那幢建筑物已经到了画面的最右侧。也就是说，第一张照片中的最高建筑物的左侧部分与第2张照片中的内容是完全重合的。后期拼接效果如图3-9所示。

一般的拼接软件都需要通过节点来完成拼接，通过智能识别照片中的节点，后期拼接出来的照片才能完整，而不会出现断层或者畸形。如图3-10所示为拼接点，作者建议每张照片重合三分之一左右。

6 查看照片、多补拍几组

每拍完一组，注意查看照片重合面、预留面等。重合面前面已经说过了，预留面主要是为了照顾全景照片的两侧，因为在旋转拍摄过程中，镜头难免会产生偏移和畸变等问题，尤其是照片两侧的画面水平非常不对称，如图3-11所示。

图 3-11

因此，为了更好地保留画面的尺寸和细节，不至于后期裁剪掉过多的主体部分，我们在前期拍摄时需要多对两侧的天地部分进行补拍，使后期拼接更加完整，如图3-12所示。

（a）

（b）

图 3-12

7 手挡镜头、区分每组照

确定一组全景照片之后，记得用手挡住镜头拍摄一张照片作为分界点，如图3-13所示，这样后期调整时可以很好地对每组全景照片进行区分，以避免混乱或拼接错误。

_DSC3819.JPG

_DSC3820.JPG

_DSC3821.JPG

_DSC3822.JPG

_DSC3823.JPG

_DSC3824.JPG

_DSC3825.JPG

_DSC3826.JPG

_DSC3827.JPG

_DSC3828.JPG

_DSC3829.JPG

_DSC3830.JPG

_DSC3831.JPG

_DSC3832.JPG

_DSC3833.JPG

_DSC3834.JPG

_DSC3835.JPG

_DSC3836.JPG

图 3-13

8 后期合成、裁剪调颜色

通过专业软件进行后期合成后，还可以使用Photoshop进行适当的裁剪和调色等。如图3-14所示，是香港太平山经过后期初步合成后的全景画面效果。

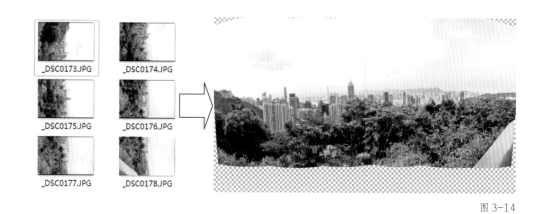

图 3-14

如图3-15所示，为经过Photoshop进行后期裁剪、影调和色彩调整后的效果。

图 3-15

进阶：全景拍摄的三大基本方法

全景摄影的出现，让普通的照片变得高大上起来，使很多人对其产生了浓厚的兴趣。拍摄全景照片并非易事，拍摄方法也比较多。本节主要介绍全景拍摄常用的三大基本方法。

1 单机位旋转法

单机位旋转法是拍摄全景最常用的一种方法，也就是拍摄水平或者垂直方向的全景画面时，拍摄者可以左右水平旋转相机，或者上下垂直旋转相机。

通常情况下，将相机固定在一个比较好的取景位置，然后沿着水平方向旋转可以拍摄180度弧形（见图3-16）至360度圆形全景；而上下旋转则取景范围比较有限，角度通常只能达到220度。

图 3-16

　　如图3-17所示，为采用单方向旋转法拍摄的瑞士著名观光小镇，通过竖拍横列的形式，旋转角度为110度左右，拍摄7张照片，并拼接合成为全景画面。

图 3-17

单方向旋转法的拍摄要点为：① 机位不能变；② 同平面被摄物体的左右与镜头的距离要大致相等；③ 根据场景大小，把场景分割；④ 注意每张照片的重叠度；⑤ 根据被摄物体的距离，调整使用镜头，控制畸变。

2 多机位横拍法

　　与单方向旋转法的固定机位不同，多机位横拍法可以有多个机位。每个机位拍摄一张或多张，如图3-18所示。多机位横拍法的特点是畸变小，适合拍摄要求不能变形的场景，如壁画。这种拍法的三大要点为：① 相机高度与被摄物一致，镜头断面与被摄物平面要平行；② 移动距离与被摄物距离相匹配；③ 定位的点和点的距离要相等。

图 3-18

3 多机位视差法

当画面中出现遮挡物时，需要利用视差进行多机位拍摄的方法叫多机位视差法。其三大要点为：① 左右变换相机位置；② 机位在左的时候，透过障碍物向右延展，机位在右的时候则向左延展；③ 注意移动距离，减少视差。如图3-19所示，前景中出现了一个垃圾桶，此时就可以通过多机位视差法来越过这个垃圾桶。

拍摄时，先使用单点旋转法进行正常整体拍摄。在临近遮挡物时，需要移动相机。先将相机向左移动进行拍摄，再将相机向右移动进行拍摄。

相对于原来的机位而言，机位向左移动，可拍摄的景物就会向右延展；机位向右移动，可拍摄的景物就会向左延展。向左右移动机位时，要确保两个延展的景物有足够相交的面积。最终的合成拼接效果如图3-20所示。

图 3-19

专家提醒

注意，移动的距离根据障碍物与相机的远近和被摄物体的远近而定。障碍物离相机越远，移动的距离应该越长，这样才能成功消除障碍物。

图 3-20

UNIT

03 提高：全景摄影的三大基本模式

　　想要表现出画面的壮阔，全景照是最佳选择。首先掌握正确的拍摄模式，拍摄一系列照片，然后用后期处理软件将它们拼接在一起，这样就可以创作出壮观的全景作品。

1 横列模式

　　横列模式是最为常见的一种模式，单元照之间呈"一行"左右排列，包括横画幅横列和竖画幅横列两种形式。

　　（1）横画幅横列。

　　即采用相机横拍的形式，沿水平方向旋转拍摄，可以用较少的照片数量拍摄出水平大画幅的全景效果，如图3-21所示。

图 3-21

图 3-22

如图3-22所示，在拍摄这组全景照片时，拍摄者通过横握相机，从左至右拍摄5张照片，可以完整地记录水中的景物，以及岸边的热闹氛围。拍摄时采用水平中央线构图法，可以展现出稳定的画面特征。

（2）竖画幅横列。

即采用相机竖拍的形式，沿水平方向旋转拍摄，可以拍摄到上下取景范围更大的全景影像作品。不过，如果拍摄的角度相同，那么采用竖画幅横列拍摄的照片数量会比横画幅横列拍摄的照片数量要更多一些。如图3-23所示，采用竖画幅横列的方式拍摄足球场，一共拍摄了8张照片。

图 3-23

通过后期拼接调整后的效果如图3-24所示。通过竖拍的形式，可以将远处的高楼完全容纳到镜头中，同时还可以展现出足球场的远近透视感和纵深度。

图 3-24

2 纵列模式

纵列模式是指单元照之间呈上下排列的方式，可以体现出垂直方向上的空间感。

如图3-25所示，采用纵列模式拍摄夕阳下的天空全景照，可以将上方的飞机与即将落山的夕阳同时纳入到画面中，并且采用黄金比例（螺旋式）构图拍摄，落日下的飞机剪影，加上右下角太阳的衬托呼应，画面感觉大气，视觉效果独特。

图 3-25

3 ▶ 矩阵模式

矩阵模式可以说是横列模式+纵列模式的结合方式，由多行多列单元照组成，它也可以是混合的。如图3-26所示，拍摄的是埃菲尔铁塔，拍摄者采用横握相机的方式，从左向右拍摄了4行照片，每行照片为3张，即采用了12张4×3矩阵模式拍摄完成了这幅作品。

图 3-26

图 3-27

通过矩阵模式的全景画幅+垂直中央线构图，可以完整地展现出埃菲尔铁塔的横向和纵向空间，拼接后的效果非常壮观，如图3-27所示。

⑭ 晋级：拍摄全景的两大高端方法

除了前面介绍的一些基本拍摄方法外，本节再介绍两种全景拍摄的高端方法，可以进一步提升大家的全景摄影水平，从而可以从容应对更加复杂的拍摄场景和题材。

1 纵列+上下错位

"纵列+上下错位"是指相机上下位置发生变化，上机位拍摄下行单元照，下机位拍摄上行单元照的方法。

可以设上下多个机位，机位只能上下移动，不能前后左右移动。上面的机位拍摄下行单元照，下面机位拍摄上行单元照，一个机位可以拍摄一张或者多张单元照。拍摄时严格要求焦距一致，曝光参数尽量一致，遇到大光比时，可以对单元照逐张曝光。保持相机垂直方向的稳定，垂直旋转的角度一般不超过180度。

如图3-28所示，如果采用常规拍摄法，上面的屋檐会挡住远处的山坡。

图 3-28

图3-29

　　所以采用了"纵列+上下错位"的方法拍摄，拍摄了3张照片，首先采用站在俯视的角度拍摄下面的建筑部分，然后采用平视的角度拍摄，最后蹲下来仰视拍摄上方的天空和屋檐画面，如图3-29所示。

这种方法主要是将上下错位法和单点选择旋转法相结合。与上下错位一致，只是被拍摄的场景需要拍摄多行多列。

如图3-30所示，采用矩阵模式拍摄8张（2×4）照片，分为上下两行。如果是蹲着拍摄，前景的树木会遮挡人物主体；站着拍摄，则远处的建筑比例会很小。因此，选择站着拍摄下面4张照片，再蹲着拍摄上面4张照片，然后进行后期拼接和调整，效果如图3-31所示。

图 3-30

图 3-31

UNIT

05 **精通：矩形拍摄单元照顺序模式**

　　很多人在使用矩形拍摄全景后，进行后期接片遇到了难题，软件无法自动识别接点，这里面有一个非常重要的前期拍摄原因，即没太注意正常的拍摄顺序，在此，特意将矩形拍摄全景的顺序总结为6种模式，具体如下。

（1）从左往右模式。即不论几行进行拍摄，一律按由左到右进行拍摄，如图3-32所示。

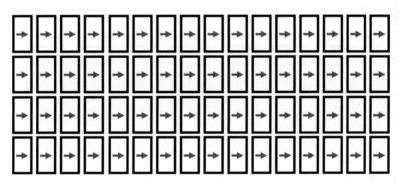

图 3-32

（2）从右往左模式。即不论几行进行拍摄，一律按由右到左进行拍摄，如图3-33所示。

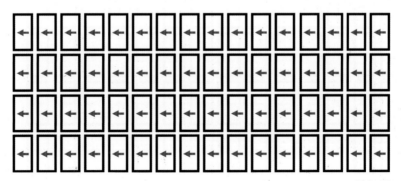

图 3-33

（3）从上往下模式。即不论几行进行拍摄，一律按由上到下进行拍摄，如图3-34所示。

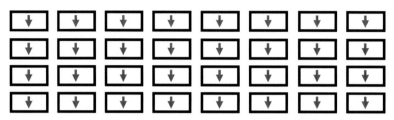

图 3-34

（4）从下往上模式。即不论几行进行拍摄，一律按由下到上进行拍摄，如图3-35所示。

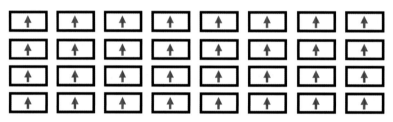

图 3-35

（5）水平横向顺序模式。即不论几行进行拍摄，一律按由左到右，再由右到左的顺序进行拍摄，如此反复，如图3-36所示。

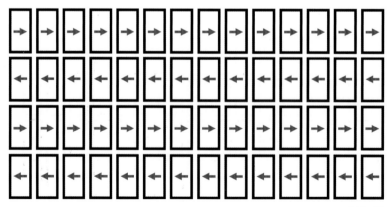

图 3-36

（6）垂直纵向顺序模式。即不论几行进行拍摄，一律按由上到下，再由下到上的顺序进行拍摄，如此反复，如图3-37所示。

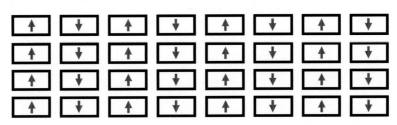

图 3-37

专家提醒

　　备注1：掌握以上矩形拍摄的顺序，是接好片的前提，但核心与关键却是——相邻单元照片的重叠量！建议至少在20%以上，三分之一左右为最佳，重叠量越少，则意味着接片的控制点越少，软件后期接片越难。而且在拍摄时，尽量选择带有明显特征的标记性景物，以便上下左右方便辨认、对应，使相邻照片存在共同的接点。拍摄时一定要保持水平或垂直的平衡，这样在后期接片时才能接得上。

　　备注2：矩形分块拍摄时，要注意保持连续，避免前后时间过长，造成光线差异，影响后期接片。

　　备注3：拍摄的角度越大，如360度，景物上下左右越多，如连拍30张以上，景物变形越大，而各景物的重叠量则取决于拍摄的熟练程度。如果熟练度差、边缘变形大，那重叠的部分就要多一些，反之则少一些。

UNIT

06 达人：掌握手机全景摄影新玩法

全景照片以宏伟、大气为特色，吸引着无数拍摄者的目光。在智能手机功能越来越强大的今天，无须借助专业的单反相机和三脚架云台，我们也能利用相关APP和后期软件，创作出大气十足的全景片，给人一种气势磅礴、身临其境的感觉。

1 如何使用手机拍摄全景

尝试过全景拍摄的拍摄者，都会被其魅力所吸引。拍摄全景照片不仅妙趣横生，还能积累丰富的摄影经验。相对于相机，手机拍摄全景更加便捷，成像速度非常快，不过在实地拍摄时，拍摄者仍需要掌握一定的拍摄技巧，以少走弯路。

（1）苹果手机拍全景。

目前，iPhone手机比较普及，并且凭借着良好的摄影功能和高品质的成像效果，成为手机摄影的首选。尤其是iOS6系统推出后，iPhone的相机增加了全景模式，通过内置的iSight镜头可拍摄到视角更广阔，像素更高的照片。如图3-38所示为iPhone 7 Plus拍摄的照片。

图 3-38

下面介绍利用iPhone手机拍摄全景照片的技巧。首先要注意，全景摄影模式适用于iOS6系统以上，适合iPhone 4S以及更新机型。具体使用方法是打开iPhone相机应用程序，在底部选择"全景"进入该拍摄模式。拍摄者也可以通过滑动屏幕到左边来改变模式，需要滑动两次。然后点击"捕获"按钮开始拍摄全景照片，注意全景模式默认情况是从左边开始拍摄，我们可以通过点击箭头改变方向，如图3-39所示。

图 3-39

在拍摄时最好保持双脚不动，手要稳一点，确保箭头匀速地从左边摇到右边。完成了全景拍摄，只需要再次点击底部中央的"捕获"按钮。而最困难的部分其实是拍摄全景照片即将结束的时候，由于往往只拍需要的部分，所以结束的时候要点停止。但什么时候点停止是个问题，不及时停止往往会拍进不协调的画面，比如拍大街的时候，最右边拍进不必要的路人或者一幢突兀的建筑物。

专家提醒

需要注意的是，拍摄人物的全景照片容易变形，而且分辨率较高，照片的容量也非常大，会占据较多的手机空间。

（2）安卓手机拍摄全景。

安卓手机的全景拍摄功能更加丰富，不但可以实现自动拼接，通过相机APP将连续拍摄的多张照片拼接为一张照片，从而实现扩大画面视角的目的；而且还能直接进行裁剪、调色等后期处理，使拍摄和修图一体化，所见即所得，如图3-40所示。

以中兴手机为例，拍摄时只需要打开手机相机应用，在拍摄模式菜单中选择"全景"选项，点击"快门"按钮后，向左或向右移动即可连续拍摄，如图3-41所示。

专家提醒

无须PS，只要开启手机的全景拍摄模式，然后让模特摆好姿势，缓慢移动手机，直到模特离开手机镜头，接下来让他快速跑到下一个画面，再次摆好姿势等待手机镜头移动至此，即可在同一张照片中拍出一个人的多个分身，实现"单人双影"甚至"多影"效果。

图 3-40

图 3-41

【摄影：刘贝贝】

2 手机全景摄影的相关技巧

用手机拍全景的相关技巧如下。

（1）对手机全景摄影来说，其所拍摄的范围通常都比较大，在移动手机镜头的时候，很可能会经历从顺光到逆光的过程，造成画面的光影差别非常大，因此拍摄者还必须确保每个部分的光影合理，如图3-42所示。

（2）在拍摄时要稳稳地拿好手机，这样才能使拍摄出来的全景照片显得更加自然。

（3）使用手机全景拍摄时，在移动手机的过程中，拍摄者可以将手机逆向稍微移动一点，或者将原本垂直移动的手机翻转至水平位置，即可快速结束本次全景拍摄，从而自由控制全景照片的尺寸，获得相应大小的全景画面效果，如图3-43所示。

图 3-42

图 3-43

PART 04

第 4 章

拍摄实战，掌握全景摄影的基本构图方法

全景摄影的构图原则

　　全景摄影的第一步就是学会如何构图，无论是单反还是手机全景摄影，构图都是非常重要的第一步，没有好的构图无法体现主题，整张照片就是失败的。全景摄影构图需要从基础到深入，采用不同的表现手法来表现画面主题。本节主要介绍全景摄影的基本构图原则。构图是突出照片主题的最有效的方法，这也是摄影大师和普通拍摄者拍出的照片区别最明显的地方。

1 照片主题突出

　　一幅好的全景照片首先要有一个鲜明的主题（也称为题材），或是表现一个人，或是表现一件事物，甚至可以表现该题材的一个故事情节。并且主题必须明确，毫不含糊，使任何观赏者一眼就能看得出来。所以，不论什么时候只要你打算拿出相机、按下快门，必须问自己的第一个问题就是：这张照片我要表现的主题是什么？

　　通常来说，常见的摄影主题有人像、风光、生活纪实等，每种主题都有相对应的标准。以图4-1所示的风景摄影为例，这是一张以"雪乡"为主题的照片，采用横画幅全景构图的形式，表现的是雪乡的美丽风光。

图4-1

【摄影：叶思思】

图4-2

可是这只是一般性的主题，一张好片，或是大片，必须还要能表现普遍性的主题。这个目标虽然难以达到，但正是这一点使杰作区别于佳作。

就像这幅雪中的村庄，除了明确的一般性主题"雪"以外，整体的所有因素综合起来表现了一个普遍性的主题，即宁静。这不只是一个雪中的村庄，通过画面，我们可以感受到一种宁静的氛围，横幅的全景画面给人以宽广的视野，而且蓝色的雪景可以给人们带来寒冷的感觉。照片的欣赏者们不禁会想：村庄里的人们在雪中会做些什么？是孩童欢快的嬉戏，还是妇女们饭间的闲聊？如果你的照片能够通过一个主题，引人遐想，那么你离大师的境界就又近了一步！

2 画面主体明确

主体就是全景照片中的拍摄对象，可以是人或者是物体，是主要强调的对象，主题也应该围绕主体转。

一幅好的全景照片必须能把注意力引向被摄主体，其中的关键就是焦点清晰准确、主体醒目。如图4-2所示，拍摄的主体是环形的立交桥。画面主体占据大部分位置，一眼就能看出来照片强调的主体，每个欣赏者都能辨认出照片主体。

3 优先考虑前景

对成功的全景作品来说，前景通常是一种"标配"，如果画面缺少前景和创意，那么大画幅的全景可能会给欣赏者带来空旷、松散、主题不明确、主体不突出的感觉。因此，我们在进行全景取景构图前，一定要优先考虑和安排画面中的前景。

可以将主体对象作为前景，也可以将其他的陪体作为前景，最好可以展现出画面的生机感，使得照片不至于太单调、乏味。

如图4-3所示，湖面中的几艘游船作为前景，可以让画面显得更加活泼、动感。

4 多观察上与下

在进行全景画面的取景构图时，应多用肉眼观察画面的上下两部分，尽可能避开那些不适合的物体。同时，观察需要单独补拍的底部和顶部，然后再通过相机的取景器查看一次，做好确认，避免产生疏漏。

对全景摄影来说，我们需要认真对待和处理画面的每一个细节，不要放过任何一个细微之处，这些细节往往是影响作品成败的关键所在。总之，拍摄时多留心观察，环视一下场景中的各个对象，以确保构图的准确性。

图4-3

横幅全景构图

　　为了让大家对全景构图方式有更清晰的了解，作者分为两节和大家分享：一是横幅全景；二是竖幅全景。大家首先来欣赏横幅全景。

1 ▶ 拍摄山脉：结合透视构图

　　绵延起伏的山脉，是运用横幅全景构图拍摄的好对象。

　　如图4-4所示，这是作者自驾游时遇到的美景，采用全景构图拍摄。从地面到层叠的山峦，具有极好的透视效果，如图4-5所示。拍摄全景很容易，但最重要的是体现出照片中的特色和亮点，这里体现的是层层叠起的山峦。

图4-4

图4-5

作者学习全景摄影的体会是，当一个摄影爱好者，愿意为一张照片停下脚步，举起手机或相机，细细拍摄时，要不就是景色很美，要不就是对摄影有真爱，你说呢？

2 拍摄桥梁：结合斜线构图

桥梁的特征是长，而全景构图的特点也是长（宽），因此，桥梁也是运用横幅全景构图拍摄的好对象。如图4-6所示，这张照片拍摄的是湘江之上的福元大桥夜景，因为桥太长，如果让桥呈水平居中构图，感觉有点呆板，于是采用了能带来动感的斜线构图。

对外地来的摄友，要特别说一句，这张照片是在附近的楼盘—湘江世纪城的顶楼上拍的。在拍摄全景照片的时候，要快并且稳，每张照片最好不要超过一分钟，否则全景照片上的东西会有变化，如桥上的车、河中的船等，整个画面尽量简洁而有序，除非采用慢门拍法。

图4-6

【摄影：老莫】

图4-7

3 拍摄城市：结合曲线构图

拍摄高楼大厦的城市美景，怎么能少得了全景构图呢？如图4-7所示，图中拍摄的是湖南长沙的橘子洲头。全景拍摄大场景，画面呈曲线构图，如图4-8所示，画面冲击感是不是很强烈呢？

图4-8

橘子洲大桥贯穿其中，整体像弯弓上的一支箭，张力十足，江边的建筑一字排开，山水洲城韵味十足。外地来的摄友记住了，拍摄这个场景，最好的位置是桥头的交警大楼，而且最好是在20楼以上。不过，因为这里是政府单位，能不能上去要看运气。

　　通过前面两张照片，可以总结如下：要拍摄出好看的全景大片，有一个最简单的技巧，就是高楼拍摄，因为视野宽广，只要下面的拍摄对象有一定的规律，基本能拍出非常漂亮大气的全景照片。

4　拍摄山水：结合透视构图

　　当我们路过宽广的山水时，要记得拿起手机拍一幅全景图。如图4-9所示，是在新疆天山天池的时候拍摄的全景透视构图，这里的透视构图有两部分：一是层层递进叠起的山峰，二是由大到小、由近及远的湖面，如图4-10所示。

图4-9

图4-10

图4-11

5 ▷ 拍摄雪原：结合水平线构图

在冰川的源头处，终年积雪，下方形成了辽阔的积雪平原，这也是全景摄影的不错题材，如图4-11所示。

这张照片采用水平中央线的构图形式，将画面在水平方向上分割为上下两部分，上面为天空和雪山，下面为高原上被大雪和冰川覆盖的辽阔湖泊，如图4-12所示。利用水平线构图可以在画面中形成一种特殊的横向结构，对欣赏者的视线起到很好的引导作用。

这张照片通过全景来展现雪原上的辽阔气势，画面更加宽广，可以给欣赏者带来宁静、舒畅的视觉感受。

图4-12

6 拍摄道路：结合C形构图

一望无际的川藏公路，当然也是全景拍摄时不可缺少的对象，这在西藏随处可见，如图4-13所示。图中拍摄的是反C形构图的道路，C形构图富有画面动感，是一种特别的曲线，有着天然的曲线美，如图4-14所示。

图4-13

图4-14

建议一定要想办法，坐在副驾驶位置，这样会有更多、更好的机会，拍到更漂亮的美景。

7 拍摄道路：结合三角形构图

如图4-15所示，这张照片依旧拍摄于西藏，宽广平坦的道路加上周围的旷野，很容易拍出全景大片。

图4-15

　　道路的尽头形成了一个三角形，给画面带来了稳定的感觉，这也是三角形构图的特点，如图4-16所示。

图4-16

　　三角形的另一个特点，是透视效果非常明显，符合"近大远小"的透视规律，使得画面更有空间感。

8 拍摄建筑：结合对称构图

　　拍摄横向大气的建筑，也适合横幅全景构图，如图4-17所示。

　　图中拍摄的是长沙第一师范大学全景，以门口为中心，运用了左右对称构图，具有稳定、平衡的特点，如图4-18所示。

　　全景照片的拍摄，还有许多讲究，下面为大家总结几点。

　　（1）全景拍摄的第一个要点，是稳。不论是用手机的全景模式拍摄，还是用单反相机拍摄拼接，稳能保证画面元素的清晰、一致，不会出现模糊、重叠、残缺的情况。

图4-17

图4-18

（2）全景拍摄的第二个要点，是构图。不能说将画面完整拍下来，内容比较多就是一张好照片，而是一定要根据拍摄的主题，选择好全景要体现的主体、特色和亮点，然后用合适的构图来布局。如前面，用斜线构图，来体现桥梁的狭长；用透视构图，来体现山水的层次；用三角形构图，来体现道路的透视；等等。

（3）在运用单反相机拍摄时，要保证每张照片的参数都是一样的。用M挡，保证每张照片的焦距、感光度都一致。拍摄时每张照片最好重叠三分之一左右，这样拼接起来，会更加浑然一体。想深入学习全景摄影构图技巧的摄友，可以关注"手机摄影构图大全"微信公众号，里面提供了丰富的构图知识。

03 竖幅全景构图

上一节介绍了横幅的全景构图，横幅全景构图的特点是宽广、辽阔、大气。接下来，本节讲竖幅全景构图，竖幅全景构图的特点是狭长，且可以裁去横向画面多余的元素，使得画面更加整洁，主体突出。

1 拍摄飞机：结合黄金比例构图

图4-19

在彤红的晚霞中，使用竖幅全景抓拍低空飞行的飞机，可以使画面呈现出更高、更远的视觉效果，如图4-19所示。

这张照片采用黄金比例（螺旋式）构图拍摄，将飞机主体安排在画面右上角的黄金点位置附近，同时干净清爽的蓝天可以更好地衬托画面中的拍摄主体，如图4-20所示。

图4-20

大家注意，要拍出具有黄金比例的大片，有如下两种非常简单可行的办法。

第一，把手机里有黄金构图比例辅助线调出来，拍摄时将对象安置在黄金比例位置即可。

第二，手机和相机都有九宫格辅助线，先将对象安排在九宫格的交叉点上，后期再进行适当裁减即可。

2 拍摄建筑：结合留白构图

如图4-21所示，这张照片的主体为高楼建筑的一个角，同时重点展现高楼上工人劳作的场景，且四周采用灰色的天空留白手法，使画面看起来更加有透气感，同时也提升了画面中的庄严氛围、险峻感。

从艺术角度来看，留白就是以"空白"为载体进而渲染出美的意境的艺术，如图4-22所示。在进行全景摄影构图时，可以运用天空、大地、海水、夜空等自然环境来塑造色调比较接近、影调比较单一的留白空间。

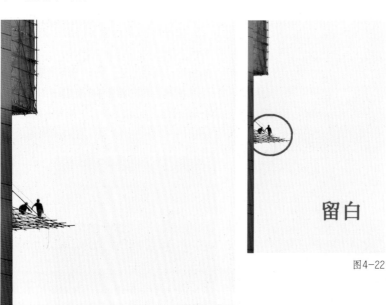

留白

图4-22

图4-21

另外，竖画幅全景可以给欣赏者一种向上下延伸的感受，可以将画面的上下部分的各种元素紧密地联系在一起，从而更好地表达画面主题。

3 **拍摄塔吊：结合三分线构图**

如图4-23所示，拍摄的是建筑工地上的塔吊，在黄昏时刻，采用逆光的形式拍摄塔吊主体，可以形成一种半剪影效果，同时呈现出宁静安详的意境。

将主体对象塔吊安排在三分线的位置，同时将细节元素布满画面，这样不仅可以做到主体突出，而且画面也丰富多彩，如图4-24所示。

大家在拍摄全景时，对于三分线的对象安排，一定要根据主题的表达和其他辅助元素，综合进行安排。

图4-24

图4-23

4 拍摄晚照：结合剪影构图

在夕阳西下时，常常可以看到"两大美"：一是天空的晚霞云彩之美，二是逆光下的对象剪影之美，如图4-25所示。

要想拍出不一样的夕阳晚照，大家不妨尝试一下竖幅全景构图，将前面的"两大美"拍出来，特别是夕阳晚照下的对象剪影。这里如电塔与其底部的风光，通过明与暗的对比，彰显轮廓，更显另一种韵味，如图4-26所示。

图4-25

图4-26

5 拍摄桥梁：结合斜线透视构图

如图4-27所示，拍摄的是桥梁上面的路面和斜拉索景物，采用竖画幅全景构图，可以延伸纵深方向的视觉，突出画面中的天空色彩。

同时，底部运用透视构图可以展现桥面的空间感。上面的斜拉索则运用斜线透视构图，不但可以引导欣赏者的视线，而且简洁的线条元素使画面更清爽，主题更鲜明，如图4-28所示。

图4-27

图4-28

图4-29

如图4-29所示，使用竖幅全景构图拍摄夜晚的广州塔，可以使其显得更加高大。建筑上五颜六色的灯光映衬在水面上，让画面色彩更加动人。

这张照片采用了右三分线构图法，将广州塔安排在画面的右侧三分之一位置处，可以增强视觉上的感染力。

关于竖幅全景构图，为大家总结几点。

（1）什么时候适合用竖幅全景构图？一是拍摄的对象具有竖向的狭长性或线条性，如雕像、风车、石柱；二是展现天空的纵深及里面有合适的点睛对象时，如上面的飞机、晚照；三是具有前面两点特色，而你又想让自己的照片视觉效果独具一格时。

（2）竖幅全景构图的要点，首先是拍摄时考虑好体现的对象和特色；其次是通过后期裁剪来得到最想要的视觉效果。

（3）不论是竖幅全景构图，还是横幅全景图，大家切记三层境界：全景构图只是宏观整体上的视觉展示方式，这是第一层；明确表达全景画面中的主题思想、主体对象、特色亮点，这是第二层；辅助其他的构图方法，来体现全景画面中的主题思想、主体对象、特色亮点，这是第三层，也是最高的境界。不是说拍了一张竖幅的照片就是好的竖幅全景照了，关键要看后面两点是否做到最佳匹配和体现。

PART 05

第 5 章

视角选择，
180度、270
度、360 度
的拍摄

UNIT 01　全景拍摄的三个常用角度

在全景摄影中，不论我们是用手机，还是相机，选择不同的拍摄角度拍摄同一个物体的时候，得到的照片的区别也是非常大的。不同的拍摄角度会带来不同的感受，并且选择不同的视点可以将普通的被摄对象以更新鲜、别致的方式展示出来。

1　平视角度拍摄

平视是指在用相机或手机拍摄时，平行取景，取景镜头与被摄物体高度一致，拍摄者常以站立或半蹲的姿势来拍摄，可以展现画面的真实细节。在拍摄全景时，平视可以将视觉中心放置于画面正中央，获取全景画面的中间部分。

如图5-1所示，为手机拍摄的全景作品，采用了非常普通的平视角度拍摄，可以将公园中的花卉、树木以及精美的园艺作品纳入到画面中，拍摄出的画面非常正规。

图5-1

　　对于平视构图，这里为大家细分、总结了6种拍法：平视正面构图、平视右侧面构图、平视左侧面构图、平视左斜面构图、平视右斜面构图、平视背面构图。具体的拍摄方法大家可以关注"手机摄影大全"公众号查看。

2 　仰视角度拍摄

　　在日常摄影中，抬头拍的，我们都理解成仰拍，比如30度仰拍、45度仰拍、60度仰拍、90度仰拍。仰拍的角度不一样，拍摄出来的效果自然不同，只有耐心和多拍，才能拍出不一样的照片效果。由下而上的仰拍就像小孩看世界的视角，会让画面中的主体散发出高耸、庄严、伟大的感觉，同时可以展现出视觉透视感。

　　对全景摄影来说，仰视角度可以用来补拍天空或顶部，可以配合三脚架和全景云台，根据实际需要来调整仰拍的角度，捕获更为精确的画面效果。

　　采用仰角构图尽量使用竖幅取景，这样可以更加突出拍摄主体的物理高度和透视感，如图5-2所示。

【摄影：邱嘉琳】

　　俗话说: 时间和精力在哪里, 成长和成功便在哪里。全景摄影也是如此, 大家如果想提高摄影技术, 就应多花一些时间和精力在细节的拍摄和研究上, 比如分角度、分时间等去细拍。

图5-2

3 俯视角度拍摄

简而言之，俯视角度拍摄就是要选择一个比主体更高的拍摄位置，主体所在平面与拍摄者所在平面形成一个相对大的夹角，如图5-3所示。俯视角度构图法拍摄地点的高度较高，出来的照片视角大，画面的透视感可以得到很好的体现，画面有纵深感、层次感。

俯拍有利于记录宽广的全景场面，表现宏伟气势，有着明显的纵深效果和丰富的景物层次。俯拍的角度的变化，照片带来的感受也是有很大区别的。俯拍时镜头的位置远高于被摄物体，在这个角度拍摄，被摄物体在镜头下方，画面透视变化很大。

图5-3

如图5-3所示，使用俯视角度拍摄城市全景，可以扩大背景的范围，展示其宽广的视觉效果，增强画面立体感，同时产生一种居高临下的感觉（见图5-4）。

另外，俯视角度拍摄还可以用于全景摄影的补地，来保证画面的完整性。

选择俯视角度有三点注意事项，总结如下。

（1）俯拍构图选择什么角度，与要拍摄的对象相辅相成。

（2）站的位置高度，决定拍摄对象的角度。

（3）为了体现拍摄对象的纵深，要选择一个合适的角度。

选择全景摄影的宽视角

　　视角即可视角度，是指人眼的视线与物体在垂直方向上形成的角度。例如，我们在看一个东西时，从这个东西的上下或者左右引出的光线，会在眼睛的光心部分形成一个夹角，如图5-5所示。通常情况下，物体的体积越小，距离越远，则形成的视角就越小。

　　全景摄影的视角变化范围非常大，比较常见的有100度视角和230度视角，还可以根据人眼视角的宽度，调整画面的水平宽度和垂直宽度比例。

图5-4

视角

图5-5

1 ▶ 变化无穷的100度视角

当我们的头部和眼睛固定不动时，在这种情况下看到的正前方的空间，就叫作视域，常用视角来表示具体的数值。通常情况下，人眼的可视角度约为120度左右，当集中注意力时约为1/5，即25度。因此25度至120度之间的范围称为诱导视域，也就是我们常说的眼角余光。

【摄影：王素芹】

图5-6

　　全景摄影可以通过拼接的形式，扩宽画面的视角，相当于我们站着不动，看完正前方的画面，再将头向左或向右转动，观看左边和右边的画面，然后将这3幅画面拼接在一起，即可得到一幅普通视角难以记录的全景画面。

　　在此过程中，100度视角由于其具有变化无穷的创作特点，同时也符合人眼的视角范围，其画面的视觉效果更加真实，非常适合创作全景影像，如图5-6所示。

2 超大广角的230度视角

　　230度视角也就是我们常用的鱼眼镜头的视角范围，可以极大地增加视角广度，但同样也带来了画面畸变的问题。也就是说，这种角度已经超越了我们的正常视域范围，在人眼中的画面变形非常严重。

　　不过，我们可以通过全景摄影的形式，拍摄多张照片进行拼接合成，解决这些问题，为超大视角画面提供品质保障。全景摄影可以借助230度视角的超大广角，得到更具视觉冲击力的画面效果，如图5-7所示。

图5-7

3 考虑视场的宽高比例

　　视场代表了人眼可以观察到的最大范围，通常以角度来表示，视场越大，观察范围则越大。通常情况下，人眼的视场具有"横向宽、纵向窄"的特点，可以将视场看作是一个长方体。因此，可以说全景摄影基本符合了人眼的视场特点，常用的全景视场的宽高比例通常包括以下几种类型。

　　（1）2：3视场。

　　2：3视场的比例画幅不会太宽，而且拼接的照片数量通常不多，约3～4张，可以让观赏者第一眼便看到所有的画面景物，并且吸引观赏者关注。

　　如图5-8所示，这张照片采用2×2单元照片拼接而成，相邻照片间的重叠部分为三分之一左右，以此创建出2：3视场的比例画幅。

图5-8

　　（2）6：12视场。

　　6：12视场的比例画幅也是比较常见的全景摄影宽高比例，横向宽度为纵向高度的2倍左右，视场得到了很好的延伸。同时，拍摄者可以通过扫视的方法轻松地查看这种全景画面，看起来非常舒适。

如图5-9所示，这张照片采用横向双行矩阵拍摄方式，拍摄2×3单元照片拼接而成，相邻照片间的重叠部分为三分之一，以此创建出6：12视场的比例画幅。

图5-9

（3）6：24视场。

6：24视场的比例画幅应该是人眼的极限了，可以给观众带来更加广阔的空间感，具有极强的视觉冲击力。

如图5-10所示，这张照片采用横向双行矩阵拍摄方式，拍摄2×6单元照片拼接而成，相邻照片间的重叠部分为三分之一左右，以此创建出6：24视场的比例画幅。

图5-10

03 拍摄大气十足的全景照片

在进行全景拍摄实战中，拍摄取景的范围由拍摄者自己控制，从180度到270度，甚至360度的照片，都可以自由控制。下面介绍如何拍摄大气十足的全景片。

1 ▶ 180度全景拍摄

180度的全景照片，是人眼视觉所能达到的极限，也就是说，人的眼睛正常观察景象，视线范围在180度以内。因此，180度的全景照片会给人一种很舒适的欣赏效果，如图5-11所示。

180度全景画幅并不太大，因此在使用手机拍摄时，可以横拍，也可以竖拍，不会影响成像效果。如果要防止图像的畸变，拍摄者可以采用"移形换位"的方法，采用平行的取景点，拍摄180度的照片。

例如，使用手机实拍时，拍摄者需要对角度进行准确把握，在确认照片画幅达到180度时，及时停止拍摄即可，如图5-12所示。等待全景照片生成，即可完成拍摄，如图5-13所示为180度效果图。

图5-11

图5-12

图5-13

【摄影：岳涛】

270度的全景照片比180度的角度更广，画幅更大，照片上下压缩得较多，因此多采用竖拍的方式，避免因为裁剪而导致图片细长，破坏构图。

例如，使用手机实拍时，拍摄者可以选择最大拍摄角度为270度的手机，在确认画幅达到270度的时候停止拍摄即可，如图5-14所示。270度效果展示如图5-15所示。

专家提醒

270度全景可以给观赏者带来更强的画面真实感，能够表达更多的图像信息，而且制作的漫游全景交互性更好。另外，270度全景可以模拟出真实的三维实景，带来强烈的沉浸感，让观赏者仿佛身临其境。

图5-14

图5-15

3 360度全景拍摄

拍摄360度全景画面，需要借助辅助设备或者手机全景模式，以及专业的拼接软件。下面介绍如何拍出360度全景照片。

图5-16

在拍摄之前，拍摄者需要保证画面的简洁，也就是说，画面中不要有太多的人或者物体。因为不论拍360度还是270度，或是180度的全景，主体越突出越单一，因为拼接点明显，就越容易接片；越多、越复杂的影像，拼接点越乱，要想完全接上，要求就越高。

在拍摄时，拍摄者必须找准拼接点，同时采用上下双排甚至三排的竖拍方式，即分别仰拍、平拍、俯拍一组照片。还要对正上方和正下方进行拍摄，以确保拼接的完整性，同时为更深层次的三维立体展示照片做准备。在拍好照片后，拍摄者可以运用PS或者PT软件进行照片拼接。如图5-16所示为360度照片的拼接效果。

专家提醒

360度球形全景，外形就像是一颗"小行星"。要想得到这样的全景影像作品，除了相机外，还需要准备一个广角镜头。当然，手机也可以，因为大部分手机镜头本身就是广角镜头，只是拍摄出来的画质会稍微差一点。

PART 06

第 6 章

高手进阶，
压缩透视、
扩张与畸变
的调控

UNIT ①

处理全景影像的透视压缩

在全景摄影中，空间压缩或者透视压缩是一种比较常见的说法，那么，它们到底是什么意思呢？其实，经常使用长焦镜头拍照的拍摄者可能会发现这样一个现象，那就是拍摄的照片中景物之间的距离，比实际的距离看上去要更短一些。如图6-1所示，在这组照片中可以看到，当逐步增加镜头的焦距后，人物与背景之间的距离看上去越来越近了，这就是透视压缩，主要是由于镜头失真造成的。

10mm（换算为35mm规格约16mm）

35mm（换算为35mm规格约56mm）

100mm（换算为35mm规格约160mm）

200mm（换算为35mm规格约320mm）

图6-1

如图6-2所示,图上背景中的山距离前景中的人物大约有10多公里,但看上去也没有远多少,这就是长焦镜头带来的空间压缩感。

图6-2

在全景摄影中,很多时候为了达到主题突出的创作要求,拍摄者常常会利用透视压缩的失真特性,实现与正常视觉效果有差异的艺术作品,其主要作用如图6-3所示。

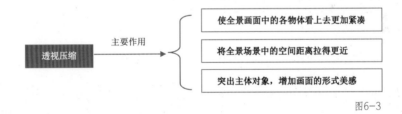

图6-3

1 通过景深来压缩透视感

浅景深可以为画面带来虚化效果,不但可以达到突出主体的目的,而且还能压缩空间,让被摄主体与复杂的背景对象分离开来。

当然,浅景深对全景摄影来说通常是不合适的,因为它无法完全清晰地呈现真实的拍摄场景。不过,某些特殊的题材却可以利用长焦距、大光圈等形成浅景深效果,将背景进行虚化处理,形成一种压缩透视感。例如,在拍摄花卉、昆虫、树叶等较小的物体时,透视压缩可以带来另一番效果。

如图6-4所示，采用横画幅矩阵拍摄模式，将焦点放置在中景的红色花朵上，前景完全虚化，使红色花朵更加突出，拍摄了4张（2×2）照片进行拼接，利用景深虚化来压缩空间，增强了画面美感。

图6-4

图6-5

图6-6

　　如图6-5所示，在拍摄花丛时，拍摄者使用景深控制虚化了背景中的绿叶，从而更好地突出了前景的紫色花卉。

　　拍摄时采用200mm的远摄定焦镜头来压缩空间距离，从而使紫色的花朵之间的距离看上去更近，同时与背景中的绿叶区分开来。另外，采用竖画幅横列拍摄模式，拍摄了5张照片进行拼接，如图6-6所示，利用全景影像增大画面像素，刻画出更多细节内容，同时利用景深压缩空间，使画面更富有表现力。

2　利用削弱透视压缩空间

　　照片中经常可以看到各种透视现象，透视的主要特点是"近大远小"，可以给画面带来强烈的空间感。如图6-7所示，前景中宽阔的道路在远处汇聚成一个点，这就是非常典型的透视现象。

图6-7

    通常情况下，标准镜头拍摄的照片与人眼的视觉差不多，而长焦镜头由于具有压缩透视的特性，因此可以缩短画面中的距离感，从而削弱透视。例如，对于同一个建筑物，当我们在远处使用长焦镜头拍摄时，可以得到二维平面的画面效果；如果在近处仰拍，则可以实现三点透视的画面效果，如图6-8所示。

图6-8

    因此，在拍摄全景作品时，我们可以利用削弱透视来压缩空间，在扩大画面视角的同时，最大限度地降低景物"近大远小"的透视感，从而使画面显得更加紧凑，更好地展现出被摄主体的特色图案和线条美感。

在拍摄卢浮宫全景时，10
张照片采用了10个焦点，从而更
好地控制画面的虚实，将透视削
弱，并进行全景拼接，如图6-9
所示。利用全景摄影削弱透视
后，可以使建筑的整体感更强，
呈现出独特的艺术美感，如
图6-10所示。

图6-9

图6-10

3 调整对象距离压缩比例

　　在拍摄全景影像时，我们选择独特的拍摄角度，调整不同景物之间的距离和大小，将现实场景中那些大小、距离差距非常大的物体，在照片中拉近它们的距离和关系，压缩空间比例，让观赏者形成一种错觉。

　　如图6-11所示，利用长焦镜头竖画幅横列拍摄模式，拍摄了3张单元照片进行拼接，在夕阳的照射下，双指的剪影仿佛是捏住了太阳一般，增强了画面的趣味性。

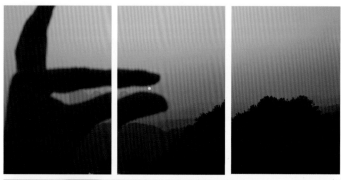

图6-11

02 调控全景影像的扩张与畸变

在拍摄全景照片时，保持拍摄距离不变，随着镜头的旋转，画面中的物体之间的距离会随着视角的增大而增大，形成由中心到两边比例逐渐缩小的畸变现象，如图6-12所示。

图6-12

对全景影像来说，既要强调这种扩展与畸变，同时又要注重真实的场景展现。畸变和复原是十分矛盾的事物，这需要拍摄者很好地调节两者之间的关系。当然，全景拍摄的对象还是应尽量与实体相对应，不然那就成为创意摄影了。

1 枕形畸变的调控技巧

目前，畸变是无法完全消除的，即使是高质量的镜头，其拍摄的照片边缘也会产生一些微小的变形和失真情况。

畸变也有很多种，如枕形畸变、桶形畸变、不对称畸变、线性畸变等。当画面四周呈现出向内凹进的形状时，有点像是枕头的样子，这种现象就称为枕形畸变，如图6-13所示。这也是全景摄影时最常出现的畸变现象，只要处理得当，即可增强景物的空间感和立体感。

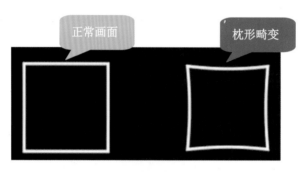

正常画面　枕形畸变

图6-13

在拍摄时，拍摄者可以利用长焦镜头拍摄距离远的物体，减少透视畸变。同时全景影像通常会多留余量，各单元照片之间有大面积的重叠部分，此时可以利用后期拼接去除画面四周的枕形畸变，也可以使用软件进行矫正。

如图6-14所示，这张全景照片由3张横列式单元照片拼接而成。在后期处理时通过Photoshop的"镜头校正"滤镜来适当纠正画面畸变，同时裁剪掉多余的重叠部分，调控画面枕形畸变。

图6-14

2 **桶形畸变的调控技巧**

　　由于相机镜头是一个透镜，因此由其物理特性带来的成像效果会呈现出桶形膨胀状，这种失真现象就是桶形畸变，如图6-15所示。全景画面中的桶形畸变可以增强画面的张力，尤其是有水平线的画面，由于桶形畸变的影响，前景看上去非常大，而远景则变得很小，如图6-16所示。当然，后期也可以利用Photoshop中的Photomerge工具来适当校正桶形畸变。

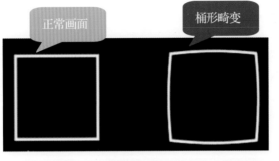

图6-15

图6-16

　　当拍摄者近距离仰拍高楼、树木等对象时，可以发现原本平行的线条显得并不平行，并且会由近及远朝向中心汇聚，形成纵深透视，这就是由镜头的线性畸变造成的，如图6-17所示。

图6-17

　　全景摄影可以通过纵向旋转拍摄，将这个线性畸变控制在比较合适的范围内。如图6-18所示，利用右侧建筑的线性畸变，可以增加画面的展现范围，显得更加宽广、生动，带来视觉上的透视效果。

图6-18

PART 07

第 7 章

后期拼接，全景需要掌握的创意合成方法

摄影：王凯 】

UNIT

01 利用Photoshop制作全景影像

　　拍摄者在使用相机或手机拍了照片后，利用专业的照片拼接软件进行合成，即可获得全景大片。常用的合成软件有Photoshop、PTGui等。下面以这两款软件为例，介绍全景照片的拼接技巧。

1 ▶ 自动拼接：利用Photoshop拼接全景

　　拍摄者在拍摄完成后，可以使用自动的Photoshop"合并"工具，或者再加上使用"图章"工具，完成全景照片的拼接。首先拍摄者需要将照片导入到安装有Photoshop的计算机中，并对要拼接的几张照片做好编号，避免因为照片数量多而弄混，如图7-1所示。

1.JPG

2.JPG

3.JPG

4.JPG

5.JPG

6.JPG

7.JPG

图 7-1

然后打开Photoshop，选择"文件"→"自动"→Photomerge命令，如图7-2所示。

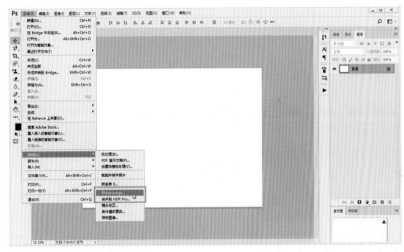

图 7-2

执行操作后，弹出Photomerge对话框，在"版面"列表框中选择"自动"模式，单击"浏览"按钮，如图7-3所示。弹出"打开"对话框，在相应文件夹中选择要拼合的图片，单击"确定"按钮，如图7-4所示。

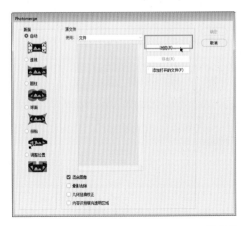

图 7-3

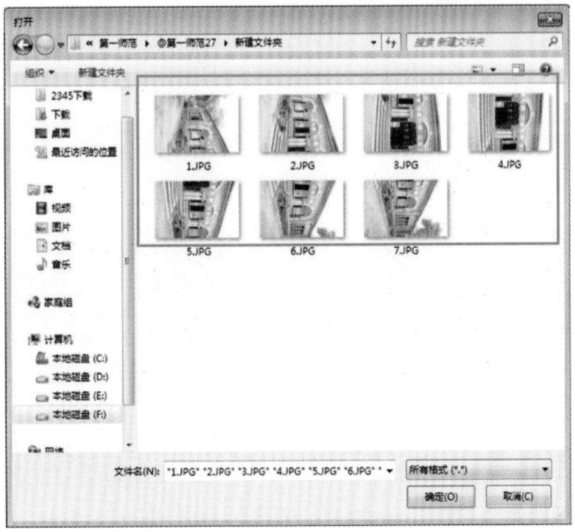

图 7-4

在"源文件"列表框中，将要拼接的7张图片全部选中，如图7-5所示。选中"混合图像"复选框，单击"确定"按钮，如图7-6所示。

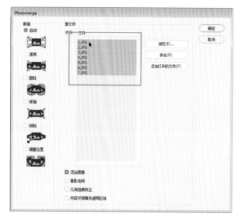

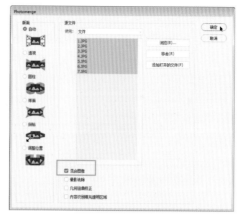

图 7-5   图 7-6

执行操作后，进入Photoshop工作界面，Photoshop会自动生成拼接全景，不过生成速度较慢，需要等待一段时间，如图7-7所示。

图 7-7

拼接完成后，拍摄者可以使用"裁剪"工具，将图片裁剪对齐，如图7-8所示。

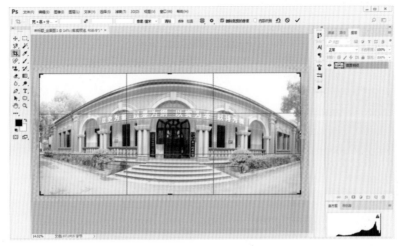

图 7-8

完成以上步骤后，我们可以选择"文件"→"保存"命令，对拼接好的全景照片进行保存，要注意在"另存为"对话框中，将格式设为JPG等常用格式，如图7-9所示。

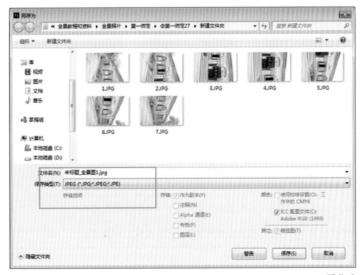

图 7-9

此时，拍摄者可以在保存文件夹查看拼接好的照片，同时可以利用Photoshop、美图秀秀等照片处理软件对照片进行美化，如图7-10所示为拼接效果图。

图 7-10

在Photomerge对话框中，提供了以下几种拼接模式，分别如表7-1所示。

表7-1

拼接模式	具体功能
自动	Photoshop将自动对源图像进行分析，然后选择合适的版面对图像进行合成
透视	Photoshop将源图像中的一个图像指定为参考图像来创建一个复合图像，其他图像则围绕该图像进行交换，以便匹配图层的重叠内容
圆柱	Photoshop将在展开的圆柱上显示各个图像，来减少在"透视"布局中出现的扭曲现象
球面	Photoshop将对齐图像与宽视角，并转换图像，使其映射到球体内部
拼贴	Photoshop将对齐图层并匹配重叠内容，同时变换所有的源图层
调整位置	Photoshop将对齐图层并匹配重叠内容，但不会变换任何源图层

2 分步合成：LR+PS合成全景

在Lightroom中将照片导入Photoshop中，通过自动拼接全景功能合成全景照片，再使用"裁剪"工具裁剪多余边缘，通过多个软件分步完成全景照片的制作。

（1）首先在Lightroom中导入3张照片素材，默认进入"图库"模块，如图7-11所示。展开"快速修改照片"面板，单击"增加曝光度1/3挡"按钮，增加照片的曝光度，效果如图7-12所示。

图7-11   图7-12

（2）在Lightroom的网格视图中选中3张照片并右击，在弹出的快捷菜单中选择"在应用程序菜单中编辑"→"在Photoshop中合并到全景图"命令，如图7-13所示。自动打开Photoshop中的Photomerge对话框，在"版面"列表框中选中"自动"单选按钮，如图7-14所示。

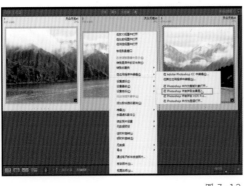
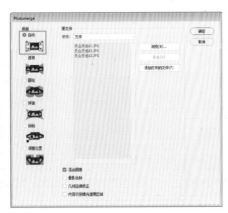

图7-13   图7-14

（3）单击"确定"按钮，软件开始自动拼接图像，拼接完成后，在Photoshop中就会创建一个带图层蒙版的图层图像文件，如图7-15所示。

图 7-15

（4）选取工具箱中的"裁剪"工具，在拼合的图像上单击并拖曳出一个裁剪框，调整裁剪框的位置，如图7-16所示。

图 7-16

（5）确认裁剪位置后，右击裁剪框内的图像，在弹出的快捷菜单中选择"裁剪"命令，裁剪图像，去除边缘的透明区域，如图7-17所示。

图 7-17

（6）裁剪图像后，按Ctrl＋Shift＋Alt＋E组合键合并所有可见图层，得到"图层1"图层，创建"亮度/对比度1"调整图层，展开属性面板，设置"对比度"为20，增强对比效果，如图7-18所示。创建"自然饱和度1"调整图层，展开属性面板，设置"自然饱和度"为50、"饱和度"为20，调整图像的色彩饱和度，效果如图7-19所示。

图 7-18

图 7-19

（7）执行操作后，即可分步完成全景照片的合成和处理，效果如图7-20所示。

图 7-20

3 手动合成：原始的全景拼接

　　手动合成主要是利用Photoshop的图层蒙版，手动拖曳调整各单元照片的位置，然后擦除重叠部分，这种方法比较原始，但也可以与其他合成方法混合使用，可以精准地调整单元照片的位置，同时还能修补瑕疵。

　　下面介绍通过Photoshop手动合成全景照片的操作方法。

　　（1）在Photoshop窗口中，选择"文件"→"新建"命令，弹出"新建文档"对话框，设置"名称"为"手动接片"，如图7-21所示。

图 7-21

（2）在"新建文档"对话框中设置文件的尺寸，建议初步为拼接后的文档进行估测，确认一个大致的拼接尺寸，设置时可以稍微设大一些，如图7-22所示。

（3）接下来设置"宽度"和"高度"的单位模式，如像素、厘米、英寸、毫米、磅等，如图7-23所示。本案例的2张单元照片为横列模式拼接，尺寸为2289像素×1550像素，因此设置2倍多的单元照片宽度尺寸，即5000像素×2000像素。

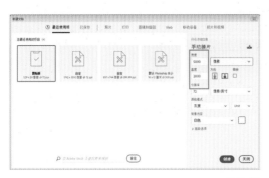

图 7-22

图 7-23

（4）接下来设置"分辨率"为300，单位为"像素/英寸"，如图7-24所示。对手动拼接的全景作品来说，分辨率必须设置得大一些，从而保证全景图像的品质。

（5）接下来设置"颜色模式"选项，这里选择"RGB颜色"模式，如图7-25所示。RGB颜色模式是目前应用最广泛的颜色模式之一，用RGB模式处理全景图像比较方便，且存储文件较小。

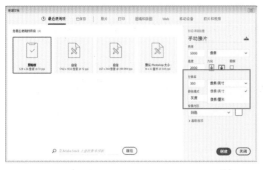

图 7-24

图 7-25

（6）接下来设置"色彩位深度"选项，选择"16位"选项，如图7-26所示。"色彩位深度"选项用来记录每一个像素颜色的值，数值设置得越大，则保留的细节就越多，通常全景影像使用16位/通道即可。

（7）接下来设置"背景内容"选项，包括"白色""黑色""背景色"3个选项，这个地方随意选择即可，因为后期都会对多余的背景进行裁剪，如何选择对画面是不会有影响的，如图7-27所示。

图 7-26

图 7-27

（8）展开"高级"选项，在"颜色配置文件"列表框中选择Adobe RGB或者Adobe RGB（1998），它可以很好地兼容16位/通道的色彩位深度，是保护摄影成果的最佳选择，如图7-28所示。

（9）在"像素长宽比"列表框中选择"方形像素"选项，如图7-29所示。像素是图像中的一个度量单位，而长宽比就是这个度量单位在长和宽所占有的比例。设置完成后，单击"创建"按钮，新建一个空白文档。

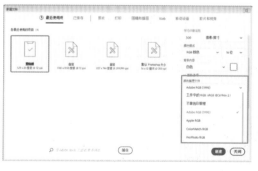

图 7-28

图 7-29

（10）然后在Photoshop中打开所有要合成的单元照片，选择"窗口"→"排列"→"三联水平"命令，将3个图像窗口进行水平排列，并设置相应的缩放比例，以能够更好地观察和进行拼接操作，如图7-30所示。

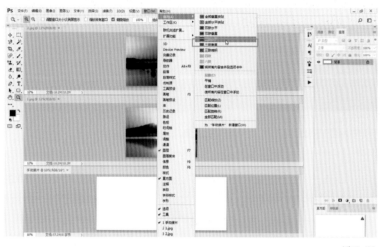

图7-30

（11）选取工具箱中的"移动"工具，将两张单元照片依次拖曳到新建的文档中，并适当调整其位置，如图7-31所示。

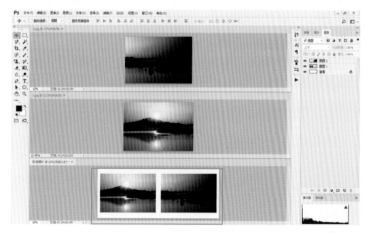

图7-31

（12）放大显示新建文档的窗口，并适当调整图层顺序，将"图层2"图层的"不透明度"设置为50%，运用"移动"工具调整图像位置，将重叠部分对齐，调整时可以使用"放大镜"工具放大图像，以便于观察，如图7-32所示。

图 7-32

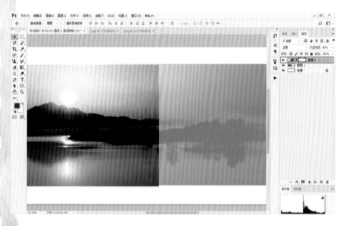

（13）单击"图层"面板底部的"添加图层蒙版"按钮，为"图层2"图层添加一个图层蒙版，如图7-33所示。

图 7-33

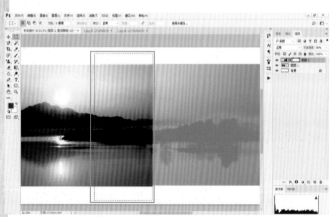

（14）运用"矩形选框"工具在图像的重叠部分创建一个矩形选区，注意选区的右边界与"图层1"图层的右边界对齐，如图7-34所示。

图 7-34

（15）设置前景色为黑色，按Alt+Delete组合键为选区填充前景色，再取消选区，设置"图层2"图层的"不透明度"为100%，如图7-35所示。

图 7-35

（16）使用"裁剪"工具适当裁剪多余的白色画布和图像，并适当调整图像的色彩和影调，即可完成手动拼接的操作，效果如图7-36所示。

图 7-36

4 ▶ 二次构图：将照片裁成全景图

在摄影中包含了多种经典的构图形式，针对不同的拍摄对象可以采用不同的构图进行表现，如果对前期拍摄的构图效果不满意，还可以使用Photoshop或Lightroom中的裁剪功能进行裁剪，让构图效果更加完美，诠释出更多信息。

例如，在Photoshop中，"裁剪"工具可以对图像进行裁剪，重新定义画布的大小，当然前提是原图的画幅要足够大。利用"裁剪"工具，可以快速将普通比例的照片调整为全景照片，效果如图7-37所示。

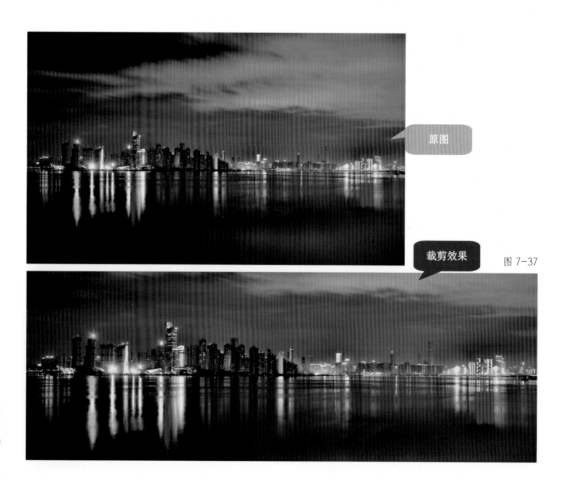

原图

裁剪效果

图 7-37

利用PT制作全景影像

PT即PTGui Pro的缩写，是一款专业的全景拼接软件，在这方面比Photoshop还要专业。下面结合具体实例介绍如何利用PT拼接全景照片。

1 认识PTGui Pro的界面功能

PTGui Pro是一个功能齐全的高动态摄影图像接片工具，接片性能非常强大，而且操作比较简单，可以快速生成各种全景图。PTGui Pro默认情况下为"简单"拼接模式，其主界面如图7-38所示。单击"高级"按钮，即可切换至"高级"拼接模式，可以看到更多的拼接工具，如"镜头设置""全景图设置""裁切""图像参数""控制点""优化器""曝光/HDR""方案设置""预览""创建全景图"等，如图7-39所示。

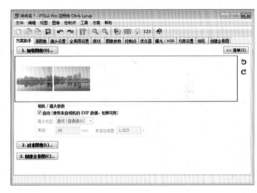

图7-38   图7-39

下面对PTGui Pro的主要功能做一个简单的介绍，这些都是全景摄影的拼接基础，大家应该熟练掌握。

（1）必要设置。

在使用PTGui Pro拼接全景照片前，首先要对一些功能选项进行相关的设置。选择"工具"→"选项"命令，如图7-40所示。弹出"选项"对话框，在此可以设置"常规选项"、EXIF、

"文件夹&文件""查看器""控制点编辑器""控制点生成器""全景图编辑器""全景图工具""插件"以及"高级"选项,如图7-41所示。

图 7-40   图 7-41

　　另一个常用的是高级模式的"方案设置"选项卡,在此可以定义方案特定的设置,例如对准图像功能的行为和当这个方案被加载在批量拼接器时将发生什么等,如图7-42所示。

　　在菜单栏中也有一个"方案"命令,拼接全景时经常会用到其中的"计算所需的临时磁盘空间"这个子菜单命令,可以查看计算机的临时磁盘空间是否充足,如图7-43所示。

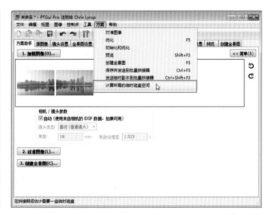

图 7-42   图 7-43

（2）文件菜单功能。

在PTGui Pro中，单击"文件"菜单命令，可以看到"新建方案""打开方案""最近的方案"以及"应用模板"等子命令，如图7-44所示。全景项目是根据某个方案创建的结果，在PTGui Pro每次创建全景作品时，都会自动生成一个.pts的方案文件，如图7-45所示。我们可以将那些在拼接全景时经常使用的方案文件的参数和操作保存为模板。

图 7-44

图 7-45

（3）载入与编辑全景源图像。

载入与编辑全景源图像主要会用到"编辑""视图"和"图像"这3个菜单命令，如图7-46所示。"编辑"菜单主要包括撤销和重做操作；"视图"菜单用于控制图像显示比例，可以进行放大、缩小等操作；"图像"菜单可以进行一些基本的源图像编辑操作，如添加、移除、替换源图像等。

图 7-46

另外，在"源图像"选项卡底部的快捷工具栏中，可以进行添加、移除、替换、上移、下移、排序、反序、修正源图像等操作，如图7-47所示。

图7-47

在PTGui Pro的高级模式中，可以通过"方案助手""源图像""镜头设置""裁切"和"图像参数"等窗口来编辑和处理全景源图像，如图7-48所示。除了一些基本的操作外，还可以修改源图像的曝光时间、光圈值、感光度等参数。

图7-48

（4）编辑与优化控制点。

控制点是使用PTGui Pro进行全景接片的关键功能，用户可以在"控制点"和"优化器"窗口中编辑和优化控制点，如图7-49所示，从而提升全景影像的拼接质量。

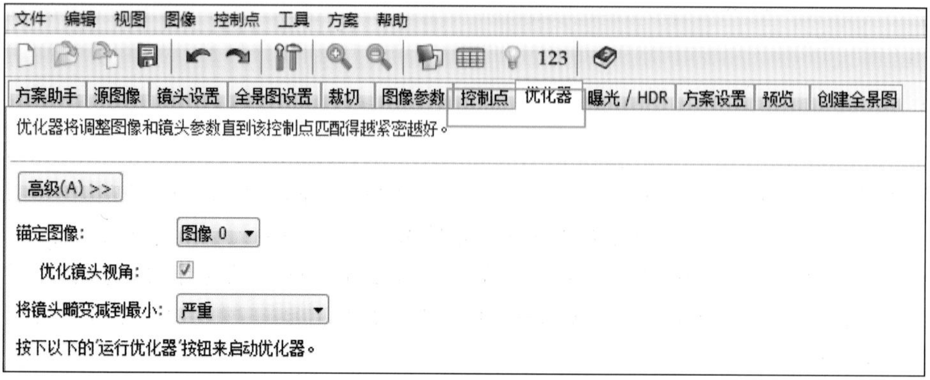

文件 编辑 视图 图像 控制点 工具 方案 帮助

方案助手 源图像 镜头设置 全景图设置 裁切 图像参数 控制点 优化器 曝光 / HDR 方案设置 预览 创建全景图

优化器将调整图像和镜头参数直到该控制点匹配得越紧密越好。

高级(A) >>

锚定图像： 图像 0 ▾

优化镜头视角： ☑

将镜头畸变减到最小： 严重 ▾

按下以下的"运行优化器"按钮来启动优化器。

图7-49

另外，也可以通过菜单栏中的"控制点""工具"和"方案"等菜单命令来进行控制点的编辑和优化处理，如图7-50所示。

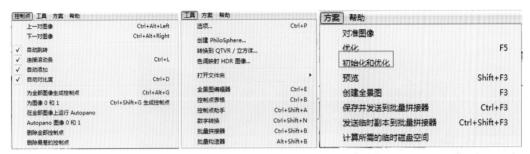

图 7-50

（5）编辑全景图。

PTGui Pro除了可以对源图像进行基本的编辑操作外，拍摄者还可以对拼接后的全景图进行相关编辑，如选择投影模式、倾斜矫正、裁剪、选择居中点、查看拼接效果、调整曝光和白平衡等，主要使用到PTGui Pro的"全景图设置""全景图编辑""曝光/HDR"等窗口，如图7-51所示。

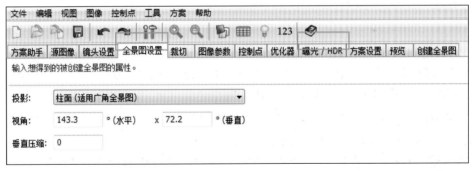

图 7-51

当添加好要拼接的源图像后，在"方案助手"窗口中单击"对准图像"按钮，即可自动打开"全景图编辑器"窗口，也可以在工具栏中单击"全景图编辑器"按钮，来调出该窗口，如图7-52所示。在"全景图编辑器"窗口中还可以调整合成后的全景图的水平视角和垂直视角。另外，"工具"菜单命令中也有一些全景图编辑命令，包括"全景图编辑器""细节查看器"和"数字转换"等子菜单命令。

图 7-52

（6）高动态图像处理。

在PTGui Pro的"曝光/HDR"窗口中，可以进行高动态图像的色调映射和曝光融合处理，如图7-53所示。

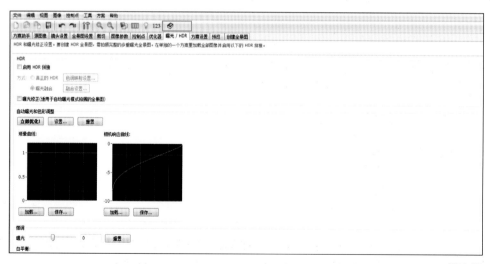

图 7-53

在"图像"和"工具"菜单命令中，也有3个关于高动态图像处理的功能，如图7-54所示。其中，"工具"菜单中的"色调映射HDR图像"可以单独加载其他的图像进行色调映射处理。

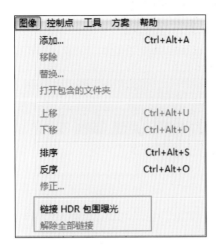

图7-54

（7）输出全景图功能。

在PTGui Pro的"预览"和"创建全景图"窗口中，可以查看全景图拼接效果，以及对输出作品的尺寸、格式、保存位置等选项进行设置，如图7-55所示。

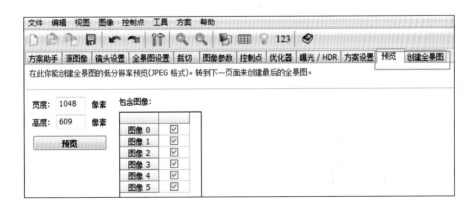

图7-55

另外，PTGui Pro还具有批量拼接器、批量构造器、对准到网格、发布到网页、转换到QTVR/立方体、创建菲利普斯球体等功能，都非常重要，大家可以多进行实际操作练习。

2 利用PTGui Pro拼接全景图

PTGui Pro的拼接操作简便，可以快速拼出完美的全景图片。下面介绍基本的操作步骤。

（1）单击工具栏中的"新建"按钮，新建一个方案，如图7-56所示。

（2）单击"加载图像"按钮，弹出"添加图像"对话框，选择要拼接的源图像，如图7-57所示。

图 7-56

图 7-57

（3）单击"打开"按钮，即可将源图像添加到PTGui Pro中，也可以在文件夹中将源图像全部选中后，直接拖曳到PTGui Pro窗口中，如图7-58所示。

（4）对相机镜头参数进行检查和设置，包括镜头类型和焦距，如图7-59所示。如果是全自动镜头，则PTGui Pro会自动识别相关的镜头参数。

图 7-58

图 7-59

（5）单击"对准图像"按钮，PTGui Pro开始对图像进行拼接，并弹出"全景图编辑器"窗口，如图7-60所示。

（6）使用"抓手"工具适当修正全景图的视角，如图7-61所示。

图 7-60

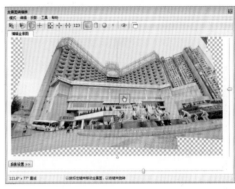

图 7-61

（7）单击"在查看器中显示"按钮 👁，预览全景图，检查拼接效果是否达到要求，如图7-62所示。

（8）关闭"全景图编辑器"窗口，单击"创建全景图"标签切换到该窗口，可以在此对全景图的图像大小、格式、图层模式等进行设置，如图7-63所示。

图 7-62

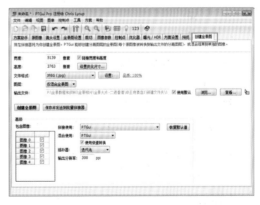

图 7-63

（9）单击"创建全景图"按钮，PTGui Pro会自动创建全景图片并保存到设置的文件夹中，完成拼接的全景图片效果如图7-64所示。

图 7-64

对全景源图像进行编辑处理

　　在使用PTGui Pro拼接全景图片时，如果源图像拍摄时不尽如人意，也可以在后期拼接时对其进行编辑处理。

　　单击"源图像"标签切换至该窗口，分为"源图像"列表和"源图像编辑"工具两部分，如图7-65所示。

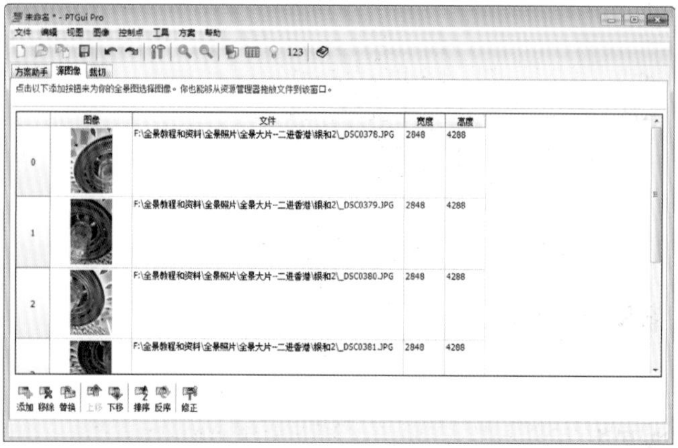

图 7-65

当载入圆形或者鼓形鱼眼镜头拍摄的源图像时，还需要切换到"裁切"窗口进行裁切，调整源图像的可用部分，通常将裁切圈调整到比源图像大一圈即可，如图7-66所示。

如果需要改变源图像的参数，则可以切换至"图像参数"窗口，即可调整源图像的坐标、镜头类型、视角、镜头校正参数（a、b、c）、水平位移、垂直位移、水平修剪、垂直修剪、曝光、光圈、ISO、曝光补偿、白平衡、耀斑、混合优先级、视点等，如图7-67所示。

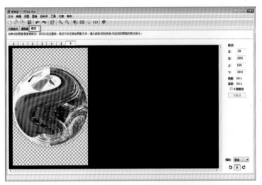

图 7-66

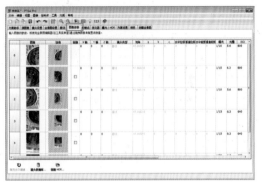

图 7-67

如图7-68所示，在拍摄这组全景照片时使用了自动曝光模式，结果发现其中有张源图像的曝光补偿与其他源图像差别非常大，因此在"图像参数"窗口中对其进行适当调整。为曝光补偿修正后的效果对比图，左图是调整前的效果，右图是调整后的效果。

图 7-68

如图7-69所示，为对源图像进行编辑处理后的拼接效果，这张全景图采用6张接片，曝光为1/15s，光圈为5.6，ISO为800。

图 7-69

4 调整全景图像中的控制点

如果想要生成高质量的全景图，可以通过调整源图像中重叠部分的控制点来实现，这也是PTGui Pro软件的基本接片算法。通常，PTGui Pro软件会在拼接过程中自动生成一些控制点，拍摄者也可以手动进行移动、添加或删除操作，如图7-70所示。

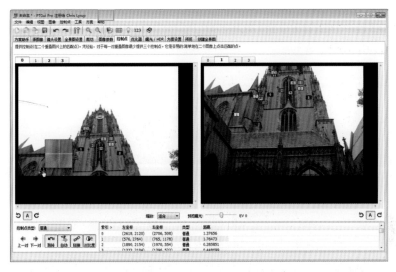

图 7-70

通常情况下，PTGui Pro 都能够很好地识别源图像中的控制点，因此不需要拍摄者进行手动调整。但很多时候，拍摄者拍摄的源图像重叠部分并不是很标准，此时会出现软件无法识别控制点，或者控制点位置不正确等情况，从而导致拼接的全景图像出现严重的错位、变形、扭曲等现象。

此时，拍摄者可以多执行几次"对准图像"操作，让软件自动识别调整控制点，也可以通过手动添加控制点或删除PTGui Pro生成的错位控制点。单击工具栏中的"控制点表格"按钮▦，即可弹出"控制点"对话框，可以很方便地查找和处理源图像之间的控制点，如图7-71所示。切换至"控制点助手"选项卡，可以查看所有图像的控制点状况，以及相关的改善控制点的优化建议，如图7-72所示。

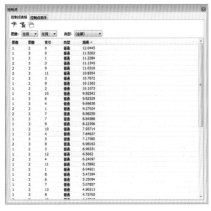

图 7-71

图 7-72

在添加控制点时，可以先放大显示图像，并且选择"跳转"方式添加，将鼠标光标定位到左图中需要添加控制点的位置，单击即可添加并自动跳转到右图中的对应控制点上，如图7-73所示。

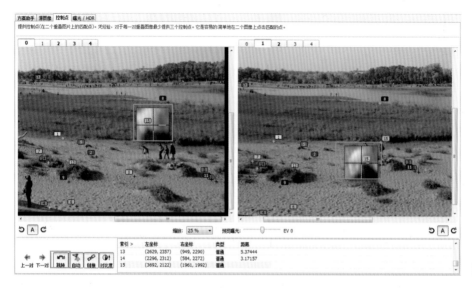

图 7-73

如果要删除某个错位的控制点，只需要选中该控制点后，单击鼠标右键，在弹出的快捷菜单中选择"删除"命令即可，如图7-74所示。

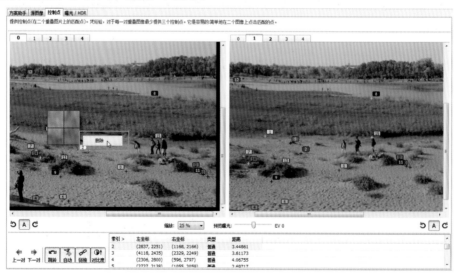

图 7-74

单击"控制点"菜单选项，在下方使用"为全部图像生成控制点""为图像0和1""在全部图像上运行Autopano""Autopano图像0和1""删除全部控制点"以及"删除最差的控制点"等菜单命令来编辑控制点。例如，选择"控制点"→"删除最差的控制点"命令，即可自动删除最差的控制点，如图7-75所示。

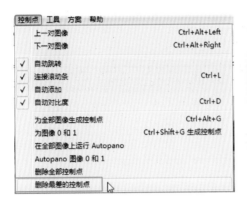 

图 7-75

另外，还可以通过PTGui Pro的"优化器"窗口来配准对齐图像，同时减少源图像之间重叠部分的控制点距离，从而提升接片的质量，如图7-76所示。其中，"锚定图像"选项可以选择一个或者一组源图像，将其作为其他源图像对齐配准融合的基准；而"将镜头畸变减到最小"选项则可以对镜头畸变进行优化。

图 7-76

单击"高级"按钮即可切换至"高级"窗口，如图7-77所示，在"优化器"选项卡中可以对源图像进行选择性优化，包括"全局优化"和"优化每个图像"两大类。在"使用控制点"选项区中，可以选择是否优化某个或者部分源图像的控制点。

| 方案助手 | 源图像 | 镜头设置 | 全景图设置 | 裁切 | 图像参数 | 控制点 | 优化器 | 曝光 / HDR | 方案设置 | 预览 | 创建全景图 |

优化器将调整图像和镜头参数直到该控制点匹配得越紧密越好。

<< 简单(S)

全局优化：   优化每个图像：   ☐链接 Z 轴 ☐链接 Y 轴   使用控制点：

☑ 视角

	X 轴	Y 轴	Z 轴	视点
图像 0				☐
图像 1	☑	☑	☑	☐
图像 2	☑	☑	☑	☐
图像 3	☑	☑	☑	☐
图像 4	☑	☑	☑	☐

☑ a（镜头畸变）
☑ b（镜头畸变）
☑ c（镜头畸变）
☑ 水平位移
☑ 垂直位移
☐ 水平修剪
☐ 垂直修剪

图像 0	☑
图像 1	☑
图像 2	☑
图像 3	☑
图像 4	☑

优化使用： PTGui ▼

运行优化器

图 7-77

"高级"窗口底部的"优化使用"下拉列表框可以用来选择优化器，如图7-78所示。单击"运行优化器"按钮，将弹出"优化结果"对话框，显示并确认优化结果，如图7-79所示。

图 7-78

图 7-79

需要注意的是，如果删减部分控制点后，仍然无法接片，或者接片错误，以及当软件提示控制点不足时，需要进行手动添加控制点，并对其进行优化。如图7-80所示，为调整控制点后的全景拼接效果，共5张横画幅横列式接片。

图 7-80

在手动添加控制点时,可以使用"图像旋转"按钮旋转观察图像,同时配合"缩放"按钮与"抓手"工具放大、移动预览图,从而让添加的控制点更加精准。在添加的控制点上单击鼠标右键,还可以修改控制点的类型,包括"普通""垂直线""水平线"以及"新建线"等,如图7-81所示。

图 7-81

5 ▶ 对生成的全景图进行编辑

（1）全景图编辑器。

在PTGui Pro中拼接全景图后,主要是在"全景图编辑器"对话框中对生成的全景图进行编辑。在"全景图编辑器"对话框中,选择"模式"→"编辑个别图像"命令,或者单击"编辑个别图像"按钮，然后单击上方的源图像编号,即可对单个图像进行移动或旋转操作,如图7-82所示。

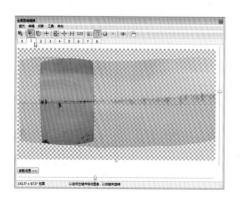 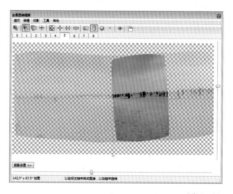

图 7-82

选择"模式"→"编辑整个全景图"命令，或者单击"编辑整个全景图"按钮，全景图将变成一个整体，可以对其进行透视、矫正、拉直、旋转等操作。如图7-83所示，分别为按住鼠标左键向上、下、左、右4个不同方向的调整效果。

按住鼠标右键并拖曳，即可旋转整个全景图，可以修正全景图的水平或垂直线，如图7-84所示。单击"设置居中点"按钮，即可在全景图中单击确认居中点。

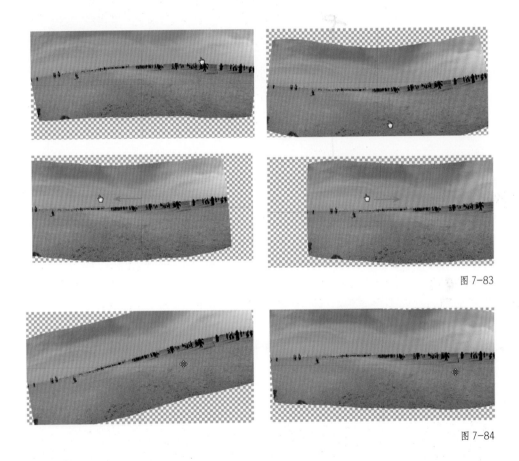

图 7-83

图 7-84

在"编辑"菜单中，主要包含了一些预览图调整命令，如图7-85所示。"适合全景图"主要用于自动将预览图填充整个全景图编辑器，如图7-86所示。同时，也可以在水平方向或者垂直方向上，将预览图填充整个全景图编辑器。

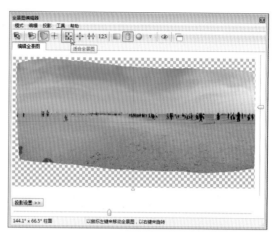

图 7-85

图 7-86

单击"居中全景图"按钮 ✛，或者选择"编辑"→"居中全景图"命令，可以将预览图自动居中，如图7-87所示，同样也可以针对水平方向和垂直方向进行自动居中处理。

单击"数字转换"按钮 123，或者选择"编辑"→"数字转换"命令，弹出"数字转换"对话框，可以设置需要的数值，将全景图按照X轴方向、Y轴方向以及Z轴方向进行移动或旋转，如图7-88所示，当然这需要拍摄者具有很强的空间意识。

图 7-87

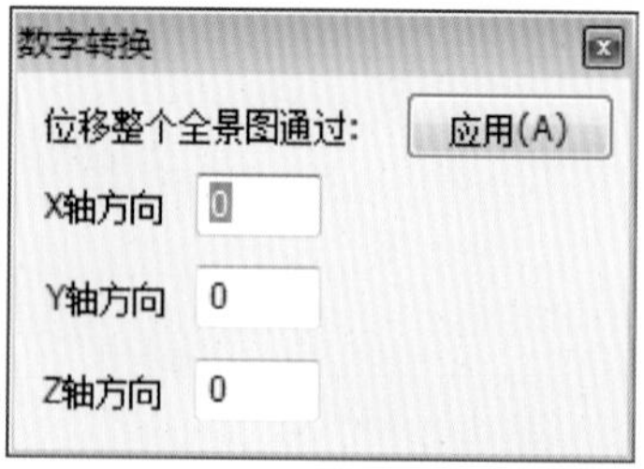

图 7-88

单击"拉直全景图"按钮 ╫，或者选择"编辑"→"拉直全景图"命令，可以快速矫正倾斜的全景图，如图7-89所示。选择"编辑"→"拉平全景图"命令，可以快速矫正弯曲的全景图。

在"投影"菜单中，包含了15种投影模式，如图7-90所示，快捷按钮为 ▣◨◉▾。投影模式主要是将三维的现实场景通过二维平面显示出来，包括"直线""柱面""等距圆柱""环状""全画幅""立体摄影""立体摄影纵向""墨卡托""等效透视""横向等距圆柱""横向柱面""横向墨卡托""横向等效透视""球面：360×180等距圆柱""小行星：300°立体摄影"，拍摄者只需根据实际的拍摄情况选择合适的即可。

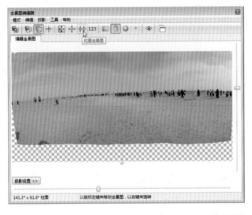

图 7-89

图 7-90

在"编辑全景图"窗口下方，有水平压缩和垂直压缩两个"投影设置"，水平视角和垂直视角两个"视角调整"工具，以及网格线滑竿和黄色的裁剪线等工具。

当选择不同的投影模式时，"投影设置"选项也会有所差别。例如，"柱面"投影模式只有一个"垂直压缩"选项，向右调整即可在垂直方向上压缩图像，如图7-91所示。

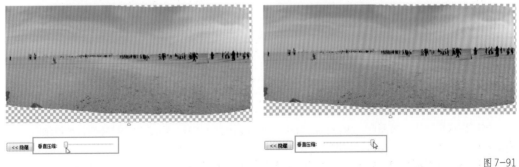

图 7-91

"视角调整"工具主要用来控制背景画布的大小。向左拖动水平视角滑竿，视角变窄，向右拖动则变宽；向上拖动垂直视角滑竿，视角变小，向下拖动则视角变大。调整好合适的图像视角后，再单击"适合全景图"按钮▦，即可让图像自动充满整个画布，如图7-92所示。

"网格线滑竿"⌒可以控制预览图上的网格线大小，位于中间时最小，向右拖动则逐渐变大，如图7-93所示。

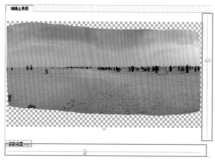

图 7-92   图 7-93

之后，将鼠标移至图像的四周，当鼠标指针变成双箭头形状（↕或↔）时，向内拖动即可拉出一根黄色的裁剪线，如图7-94所示。选择"工具"→"在查看器显示"命令，可以查看编辑中的全景图效果，如图7-95所示。

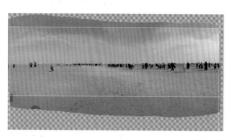
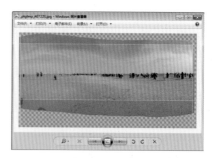

图 7-94   图 7-95

（2）"曝光/HDR"窗口。

当拼接成高动态全景图后，可以在高级模式下的"曝光/HDR"窗口中，对其进行色调映射、曝光融合以及曝光和白平衡调整等处理，如图7-96所示。关于色调映射和曝光融合将在后面的章节进行重点介绍，这里主要介绍曝光和白平衡的调整方法。

当全景图的亮度动态范围比较小，各个源图像的曝光值只有1EV左右的差别时，可以选中"曝光修正"复选框，使全部源图像具有相同的曝光等级。

图 7-96

在"自动曝光和色彩调整"选项区中，若单击"立即优化"按钮，可以快速优化全景图的曝光和色彩；若单击"设置"按钮，弹出"曝光和色彩调整设置"对话框，可以在左侧选择不同的优化内容，在右侧选择需要优化的图像，对全景图的整体或部分的渐晕、曝光、白平衡、耀斑、相机响应曲线等选项进行设置，如图7-97所示。

"优化渐晕"即设置画面的暗角，建议将其保持默认即可。"优化曝光"可以根据拍摄时的实际情况来选择，选择默认值"仅有必要的话"适合手动曝光，选择"启用"则适合自动曝光，如图7-98所示。

图 7-97

图 7-98

拍摄者在拍摄全景照片时，如果使用了自动白平衡功能，则可以将"优化白平衡"设置为"启用"，让软件自动优化白平衡参数，如图7-99所示；如果所有源图像的白平衡参数一致，则将"优化白平衡"设置为"禁用"即可。也可以在"曝光/HDR"窗口下方的"微调"选项区中，对曝光和白平衡进行微调处理，如图7-100所示。

优化渐晕: 启用

优化曝光: 仅如有必要的话

未知图像的曝光时间：曝光将不被优化。

优化白平衡: 启用

仅如有必要的话
禁用
启用
保留当前的

优化檔斑:

相机响应曲线:

图像:

图像 0 ☑
图像 1 ☑
图像 2 ☑
图像 3 ☑
图像 4 ☑
图像 5 ☑
图像 6 ☑
图像 7 ☑
图像 8 ☑

默认   确定   取消(C)

图 7-99

微调

曝光 ——○—— 0   重置

白平衡：

红 ——○—— 0   重置

绿 ——○—— 0

蓝 ——○—— 0

图 7-100

微调的参数范围不大，例如"曝光"只能向左右调整2挡，对画面亮度进行微调。在"白平衡"选项区中可以通过拖动红、绿、蓝3个滑块，纠正画面的偏色。需要注意的是，尽可能在前期拍摄时就采用手动模式，调整好相机的曝光和白平衡等参数，后期只是针对一些意外情况的修补，不能过于依赖。

　　如图7-101所示，是采用8张照片拼接，经过全景编辑器进行视角、透视、拉直、旋转等操作，并适当裁剪其边缘多余部分，然后调整影调和色彩，合成的高动态柱面全景图。

图 7-101

6 输出保存全景影像文件

当全景图生成并编辑完毕后，即可执行输出保存操作，以便于以后进行分享和浏览，主要用到PTGui Pro的"预览"和"创建全景图"高级功能。

（1）"预览"窗口。

在"预览"窗口中，可以设置全景图的宽度和高度，如图7-102所示。尺寸设置得越小，则预览速度越快，目前一般的计算机性能都能满足默认的尺寸预览需求。单击"预览"按钮，即可预览拼接后的全景图效果，如图7-103所示。

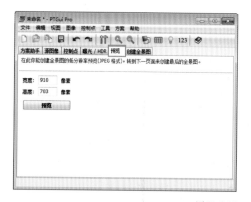

图 7-102   图 7-103

（2）"创建全景图"窗口。

切换至"创建全景图"窗口，在"宽度"和"高度"文本框中可以设置输出图像的尺寸，选中"链接宽度和高度"复选框，可以锁定宽高比例，如图7-104所示。单击"设置优化尺寸"按钮，在弹出的菜单中可以根据需要选择合适的图像输出尺寸，包括"最大尺寸（不丢失细节）""适用打印（4百万像素）""适用网络（0.5百万像素）"3种尺寸。

在"文件格式"下拉列表框中，可以选择5种不同的输出格式，包括JPEG（.jpg）、TIFF（.tif）、Photoshop（.psd）、Photoshop大文件（.psb）、QuickTime VR（.mov），如图7-106所示。单击"设置"按钮，可以设置输出文件的品质，如图7-107所示。

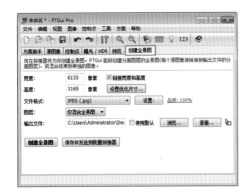

图 7-104

图 7-105

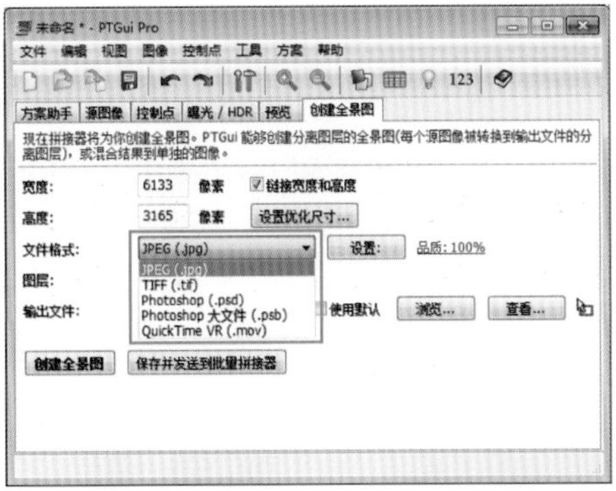

图 7-106

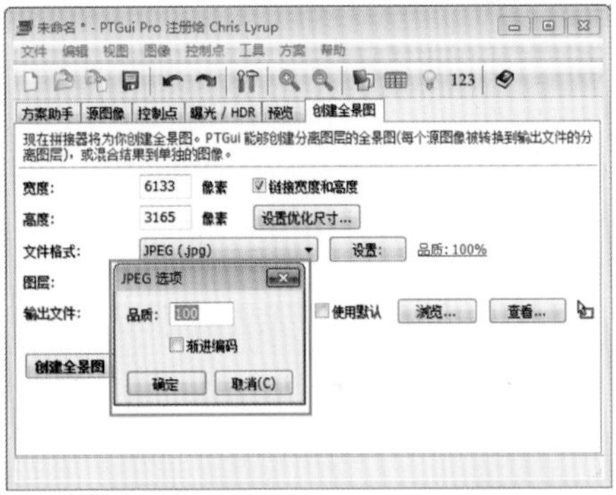

图 7-107

图 7-108

单击"创建全景图"按钮，即可开始创建、输出和保存已拼接、设置好的全景图。如图7-108所示，这张全景图采用6张竖画幅横列拍摄并接片，输出为JPEG格式。

UNIT

03 拼接特殊的全景影像

如果前期的拍摄准备工作没有做好，或者拍摄过程中出现操作错误，在进行后期拼接时，就会碰到一些比较麻烦的情况，如曝光错误、控制点不足等，会极大地影响接片品质。那么，这些特殊的全景图片该如何正确地进行拼接呢？本节具体分析其方法。

1 拼接曝光不当的全景照片

在拍摄一组全景照片时，有可能在拍摄其中的某张照片时不小心碰到相机的曝光模式按钮，从而使得这张照片与其他的照片曝光不同，从而导致整幅全景图的曝光不协调。

此时，可以在后期利用Photoshop，对曝光不足或者曝光过度的照片进行调整，使其恢复到与其他照片大体一致，然后再进行拼接处理。

例如，下面第4张照片与其他照片相比，因曝光过度而导致图像明显偏白，如图7-109所示，在后期可以运用"曝光度"命令来调整单张图像的曝光度，使图像曝光达到正常。

图7-109

专家提醒

Photoshop中的"曝光度"对话框各选项含义如下。

(1) 预设：可以选择一个预设的曝光度调整文件。

(2) 曝光度：调整色调范围的高光端，对极限阴影的影响很轻微。

(3) 位移：使阴影和中间调变暗，对高光的影响很轻微。

(4) 灰度系数校正：使用简单乘方函数调整图像灰度系数，负值会被视为它们的相应正值。

在Photoshop中，选择"文件"→"打开"命令，打开曝光过度的照片，如图7-110所示。在菜单栏中选择"图像"→"调整"→"曝光度"命令，如图7-111所示。

图 7-110

图 7-111

执行上述操作后，即可弹出"曝光度"对话框，设置"曝光度"为-1，如图7-112所示。单击"确定"按钮，即可恢复照片的曝光度，如图7-113所示。

图 7-112

图 7-113

另外，由于全景拍摄需要面对各种光线环境，如面对光源时容易过曝，而背对光源时则通常会曝光不足，因此，大家需要掌握一些曝光调整技巧，从而更好地拼接那些曝光失误的全景照片。

2 **拼接控制点不足的全景照片**

　　有时候，由于拍摄的角度失误，或画面中的景物出现了移动、变形等情况，以及画面的背景比较单一，在后期拼接时容易出现控制点无法识别的问题，而且即使是手动添加控制点，你也可能无从下手。

　　例如，如图7-114所示，为拍摄的室内墙纸全景画面，可以看到整体色彩非常淡，而且墙纸的纹理一致，几乎没有什么区别。

图 7-114

　　将这组照片导入PTGui Pro进行拼接后，软件提示无法匹配，此时需要添加控制点，强行拼接的效果如图7-115所示，可以看出完全是错误的。

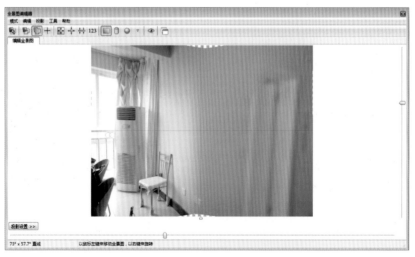

图 7-115

解决方案是，拍摄之前在墙纸上贴上几张不同图案的画，将其导入到PTGui Pro软件中，如图7-116所示。对准图像后，即可顺利拼接，如图7-117所示，如果此时仍提示控制点不足，拍摄者也可以非常方便地手动添加控制点。

图 7-116

图 7-117

生成正确的全景图后，可以在Photoshop中去除这些多余的画，也可以采用图片替换的方法，将对应的图片替换为第一次拍的源图像，如图7-118所示。完成替换操作后，即可得到没有画的全景图，这种方法的拼接质量更高，如图7-119所示。

图 7-118

图 7-119

3 拼接分拍变焦的全景照片

在拍摄一些大型的全景场景时，可以采用分拍的方式，拍摄整体的全景画面，然后适当变换镜头焦距，拍摄一两张有意思的局部画面，最后进行拼接合成。

例如，下面这张夜景全景照片采用竖画幅横列拍摄模式，拍摄了5张照片进行拼接，然后再变换焦距，适当调大光圈数值，并延长曝光时间，抓拍1张带有闪电的照片，如图7-120所示。

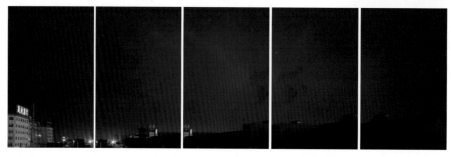

图 7-120

在后期拼接时，首先利用PTGui Pro拼接前面分拍的5张照片，然后再通过Photoshop手动合成天空中的闪电照片，效果如图7-121所示。

图 7-121

PART 08

第 8 章

后期修补，
全攻图的
进步

UNIT
01 全景摄影如何补天补地

补天是指在拍摄球形全景时，将镜头对准上方的天空拍摄照片，用于后期全景顶部的合成。补地则是将镜头对准下方的地面拍摄照片，用于后期底部的合成。

1 ▷ 什么情况不需要补

并不是所有的全景图都需要补天补地。那么，到底什么情况下要补天补地，什么情况下又不需要补呢？如表8-1所示，对其进行了一些总结。

表8-1

不需要补天的情况	①室外：纯净的天空
	②室内：颜色单一的天花板
	③视角可达180度的圆形鱼眼镜头
不需要补地的情况	①室外：泥地、沙滩等单一色彩的场景
	②室外：路面的颜色统一，如沥青路、水泥路
	③室外：颜色单一且没有特殊图案的草地
	④室内：颜色相同、纹理一致且没有图案的瓷砖、木地板、复合地板等

【摄影：申少康】

如图8-1所示，拍摄的是武汉高铁站全景图，广场地面的色彩比较单一，因此不需要专门进行补地。

通常情况下，在拍摄全景图时，如果无法将场景中天空部分的对象纳入到画面中，则需要进行补拍天空；如果地面有特殊的图案、景物或者其他遮挡物等，则需要对地面进行补拍或者修补。

2 ▶ 根据需要上仰与下俯

在旋转拍摄全景图过程中，我们可以适当将相机镜头上仰与下俯，多拍摄一些天空或者地面的场景，可以有效避免后期修补操作的麻烦。

例如，在拍摄福元桥的全景图时，可以上仰针对大桥的顶部拍摄一张，以便于后期进行拼接，如图8-2所示。

专家提醒

即使是使用180度的圆形鱼眼镜头拍摄，有时候适当地上仰或者下俯拍摄，能够更好地保证后期的拼接质量。

图8-1

图8-2

3 补天补地的注意事项

场景顶部

相机镜头

图8-3

在补拍天空时，通常只需要将相机镜头旋转到垂直向上的方向即可，如图8-3所示。拍摄的顶部效果如图8-4所示。

补拍地面则相对要麻烦一些，因为三脚架的固定导致相机很难完全避开三脚架和云台的遮挡。此时需要将相机取下，并用手持拍摄的方式补拍，而且位置与云台的高度要尽可能一致。

图8-4

同时，补天补地还需要注意镜头节点、环境光线、色彩差异等事项。

（1）镜头节点。

通常情况下，天空的补拍由于不需要拆卸相机，因此拍摄位置是相同的，镜头节点基本可以对上，后期拼接时可以与其他源图像同时合成。

而比较麻烦的是地面的补拍，手持相机与三脚架的固定位置或多或少都会有一些差异，从而导致镜头节点与其他源图像难以达到一致。因此，在后期拼接时，首先拼接正常的源图像，合成全景图后，再用补拍的地面修补全景图的底部。

（2）环境光线。

由于环境光源通常在场景的顶部，因此补拍的天空容易出现曝光过度的情况，而地面则容易出现曝光不足的情况。此时，注意将相机的曝光模式设置为手动曝光，尽可能让补拍的天空和地面照片的光线协调，如图8-5所示。

图8-5

（3）色彩差异。

为了保证全景图后期修补起来更加方便快捷，补拍的天空或地面在色彩色调上与其他源图像需要一致，因此必须使用相同的白平衡数值或一样的白平衡模式拍摄，千万不要使用自动白平衡模式。

4 使用Pano2VR修补

Pano2VR具有"打补丁"功能，可以非常方便快捷地修补360度全景照片的顶部和底部。下面介绍具体的操作方法。

（1）在PTGui Pro等全景拼接软件中合成底部或者顶部有缺陷的全景图。然后打开Pano2VR软件，将生成的全景图调入其中，单击"打补丁"按钮，如图8-6所示。

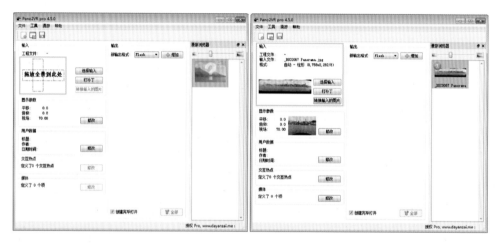

图8-6

专家提醒

Pano2VR的"打补丁"功能不但适用于所有类型的全景图顶部和底部修补，而且还能修补全景图的其他地方。

（2）弹出"为全景添加补丁"对话框，单击"增加"按钮，如图8-7所示。

（3）弹出"对全景打补丁"对话框，如图8-8所示。补丁修补的优势在于，可以根据需要调整视角大小，避免出现不协调的修补痕迹，可以更好地保证画面的延续性。

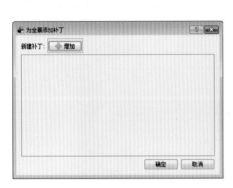

图8-7   图8-8

（4）在全景图预览区中，单击鼠标左键并拖曳，直至出现需要打补丁的部分，如图8-9所示。

（5）滚动鼠标滚轮，适当调整预览区中的图像大小，如图8-10所示。

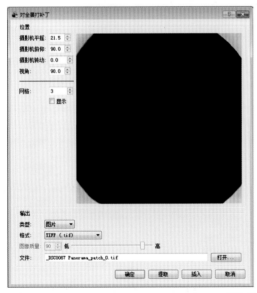

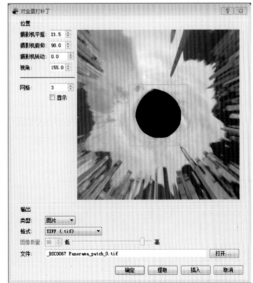

图8-9   图8-10

（6）将其调入到Photoshop中，如图8-11所示。

（7）运用修补工具对这个局部图像进行修补，效果如图8-12所示。

图8-11   图8-12

（8）修补完成后，用原文件名存储在原文件夹中，如图8-13所示。

（9）返回"对全景打补丁"对话框，插入修补后的全景图，单击"插入"按钮，弹出"进度"对话框，显示插入进度，如图8-14所示。

图8-13

图8-14

（10）插入完成后，返回"为全景添加补丁"对话框，单击"确定"按钮，如图8-15所示。

（11）弹出"补丁"对话框，提示用户是否要更新补丁图片，单击"是"按钮，如图8-16所示，软件会自动完成修补工作。

图8-15   图8-16

（12）修补完成后，可以在主界面的"显示参数"选项区中单击"修改"按钮，如图8-17所示。

（13）执行操作后，即可查看修补结果，如图8-18所示。

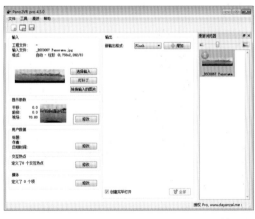 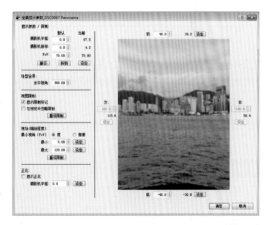

图8-17   图8-18

Pano2VR的"打补丁"功能还可以用于Logo、小行星等其他图形的补地，在插入补丁时将相应的图片添加进去即可。

5 使用Flexify插件修补

Flexify插件可以增强Photoshop等绘图软件的表现功能，使图片产生意想不到的弯曲、变形效果，同时也可以用来制作全景图等，以及对全景图进行修补处理。

下面介绍使用Flexify插件修补全景图顶部或底部的方法。首先要安装Flexify插件，解压下载的压缩文件夹后可以看到一些后缀名为.8bf的文件，这个就是Flexify插件的安装文件，如图8-19所示。直接将Flexify插件的文件复制到Photoshop安装目录中的Plug-ins文件夹下即可。用户可以根据自己的系统类型来选择，例如64位系统则只需要复制Flexify-268 64bit.8bf这个文件，如图8-20所示。

图8-19　　　　　　　　　　　　　　　　　　图8-20

Flexify插件的主要功能如下。
(1)图片编辑处理：实现图片变弯、重叠、覆盖、变曲形等。
(2)全景图片处理：球面化、扭曲、立方体贴面、足球贴面等。
(3)图片修补处理：可以用于校正广角失真。

Flexify插件安装完成后，在Photoshop中打开需要修补的全景图，如图8-21所示，其中底部需要修补。

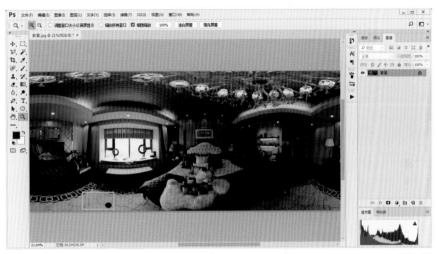

图8-21

首先复制一个"背景"图层，得到"图层 拷贝"图层，这样可以保护全景原图不被破坏，能够随时还原，如图8-22所示。

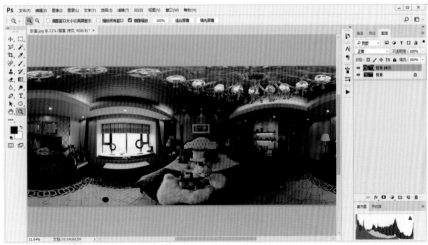

图8-22

在菜单栏中，选择"滤镜"→Flaming Pear→Flexify 2命令，如图8-23所示。

图8-23

执行操作后，弹出Flexify 2对话框，如图8-24所示。

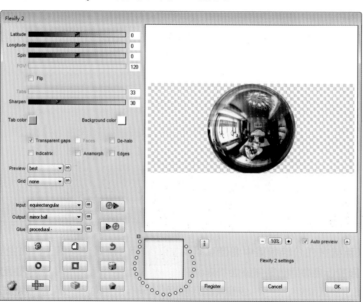

图8-24

在"Output（输出）"列表框中选择"zenith&nadir（天空&地面）"选项，即可显示全景图的顶部和底部画面，如图8-25所示。

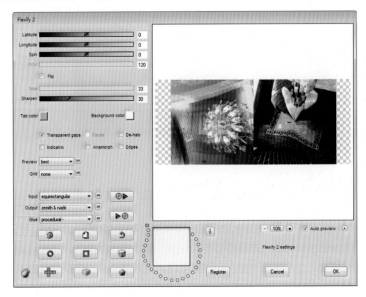

图8-25

单击OK按钮，在Photoshop中打开生成的顶部和底部图片，如图8-26所示。

图8-26

隐藏"背景"图层，并将图像放大显示，找到需要修补的局部区域，如图8-27所示。

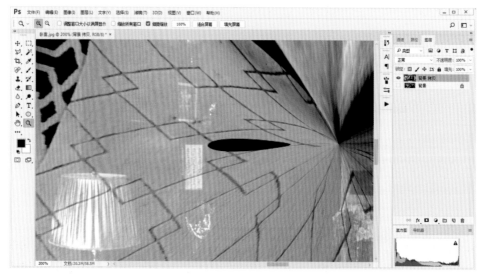

图8-27

使用"魔棒"工具在需要修补的位置创建一个选区，如图8-28所示。在菜单栏中，选择"编辑"→"填充"命令，如图8-29所示。

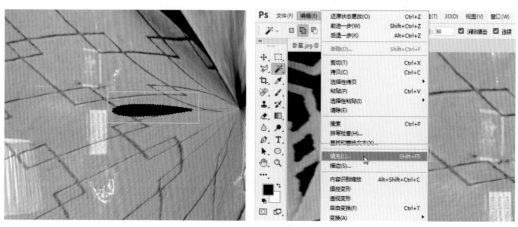

图8-28

图8-29

弹出"填充"对话框,在"内容"下拉列表框中选择"内容识别"选项,如图8-30所示。单击"确定"按钮,并取消选区,即可修复图像,如图8-31所示。

图8-30　　　　　　　　　　　　　　　　　　　　　　　图8-31

再次选择"滤镜"→Flaming Pear→Flexify 2命令,弹出Flexify 2对话框,在"Input(输入)"下拉列表框中选择"zenith&nadir(天空&地面)"选项,在"Output(输出)"下拉列表框中选择"equirectangular(球面投影)"选项,如图8-32所示。在预览区中可以看到,刚才是左右分开的天空和地面局部图,现在变成了长宽比例为2∶1的球形全景的天空和地面区域,由于中间区域没有使用,因此不会显示出来。

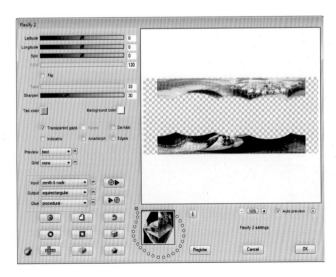

图8-32

单击OK按钮，经过变换处理后，即可得到修补后的顶部和底部图像，如图8-33所示。

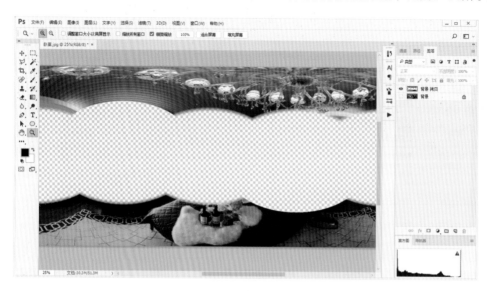

图8-33

显示"背景"图层，即可合成全景图效果，如图8-34所示。通过Flexify插件的两次转换工作，即可快速修复这个室内全景图的地面缺陷部分，如图8-35所示。

图8-34

图8-35

6 使用Photoshop修补

　　顶部的修补通常都比较简单，而底部则由于环境的不同，遇到的情况会更加复杂，有时候还需要专门进行补拍，在后期通过Photoshop合成修补。

　　（1）在Photoshop中打开需要修补的底部图片和补拍的底部图片，如图8-36所示。

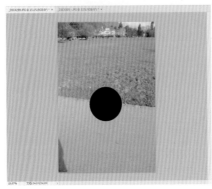

图8-36

（2）选择补拍的底部图片，选择"滤镜"→"镜头校正"命令，如图8-37所示。

（3）执行操作后，弹出"镜头校正"对话框，切换至"自动校正"选项卡，选择合适的相机制造商、相机型号、镜头型号等，对图像进行校正，如图8-38所示。

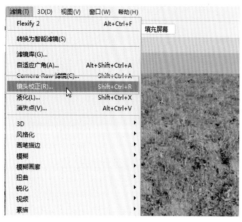

图8-37

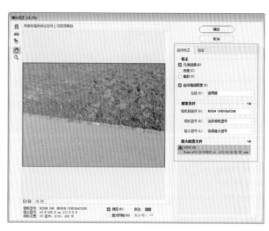

图8-38

（4）也可以切换至"自定"选项卡，手动校正图像，如图8-39所示。校正完成后，单击"确定"按钮。

（5）切换至需要修补的图像窗口，使用"矩形选框"工具在需要修补的位置处创建一个选区，注意大小比需要修补的部分要稍大一些，如图8-40所示。

图8-39

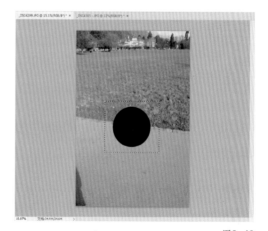

图8-40

（6）将该选区拖曳至补拍的图像窗口中，调整至合适的位置，如图8-41所示。

（7）在菜单栏中，选择"选择"→"修改"→"羽化"命令，如图8-42所示。

图8-41   图8-42

（8）弹出"羽化选区"对话框，设置"羽化半径"为100像素，如图8-43所示。设置羽化半径时，需要根据源图像的像素大小来设置，如果选区尺寸比较大，则羽化半径的数值也应该适当地设置大一些，否则效果不明显。

（9）单击"确定"按钮，即可羽化选区，如图8-44所示。

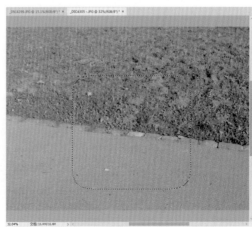

图8-43   图8-44

（10）运用"移动"工具将选区中的图像拖曳到需要修补的图像窗口中，按Ctrl+T组合键，调出变换控制框，适当调整其大小、角度和位置，如图8-45所示。

（11）按Enter键，确认变形操作，修补完成后合并图层，如图8-46所示。

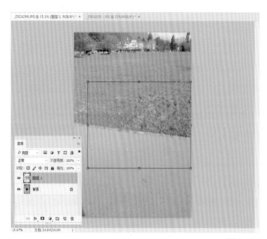

图8-45

图8-46

（12）保存文件，并调入接片软件进行拼接和后期处理，效果如图8-47所示。

图8-47

UNIT
02 润饰与优化全景影像

在拼接全景影像的过程中，对于一些明显的缺陷要及时进行修补，同时还需要对图片进行润饰与优化，让画质更完美。

1 对画面中的重影进行处理

在拍摄场景中，如果人物比较多，尤其是走动的人物比较多时，拍摄全景图很容易出现重影和残影现象。如图8-48所示，放大图像后，可以看到在行走的人群中，有一些残影出现了，大家需要认真检查。

重影

残影

图8-48

1）通过PTGui Pro处理重影和残影

PTGui Pro 9.0以上版本有一个蒙版功能，能够方便地对全景图中的重影和残影进行处理，具体操作方法如下。

（1）将源图像导入PTGui Pro中，并满屏显示，红圈内的局部为需要进行处理的影像部分，如图8-49所示。

（2）在上面的工具栏中，单击"显示接缝"按钮，如图8-50所示。

图8-49

图8-50

（3）执行操作后，即可发现需要进行处理的地方都在红色接缝线的位置附近，如图8-51所示。

（4）切换至"蒙版"窗口，使用红色蒙版画笔涂抹需要隐藏的图像，如图8-52所示。

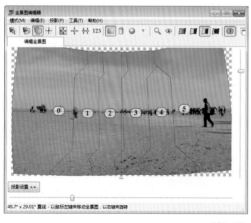

图8-51

图8-52

（5）对于需要强制显示的影像局部，可以使用绿色的蒙版画笔进行涂抹，如图8-53所示。

（6）在全景图编辑器中，由于蒙版的编辑，可以看到红色的接缝线位置也随之产生变化，如图8-54所示。

图8-53

图8-54

（7）执行上述操作后，即可移除全景图中的重影和残影，效果如图8-55所示。

图8-55

2.）通过Photoshop处理重影和残影

使用PTGui Pro接片后，在"图层"下拉列表框中选择"混合和图层"选项，将其保存为PSD格式，如图8-56所示。然后使用Photoshop打开PSD全景图文件，可以看到"图层"面板中生成了用于拼接混合的多个蒙版图层，如图8-57所示。

图8-56

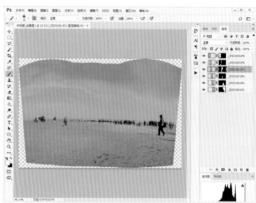
图8-57

找到有重影或残影的图层，并逐个停用图层蒙版，确认瑕疵部分的位置，然后使用画笔工具涂抹有问题的蒙版，直至消除其中的重影和残影部分，然后合并图层导出文件即可，如图8-58所示。

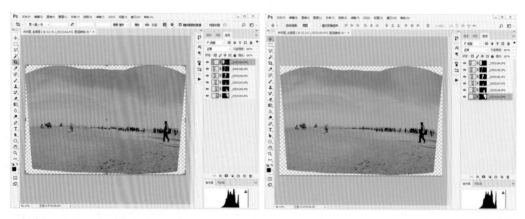
图8-58

2 对全景图进行校正和拉直

在PTGui Pro接片后，由于拍摄视角等问题，可能会出现弯曲、水平线倾斜以及垂直物体偏移等问题，此时可以使用PTGui Pro对全景图进行校正和拉直处理，让画面恢复正常。

如图8-59所示，这张全景图的地平线产生了倾斜和弯曲的问题。可以用鼠标左键按住图片中间的底部区域，并向上拖曳，纠正弯曲的画面，直到地平线变成直线为止，然后将鼠标移至画面右侧，使用右键按住并向上拖曳，让地平线变成水平位置，如图8-60所示。校正后的效果如图8-61所示。

图8-59

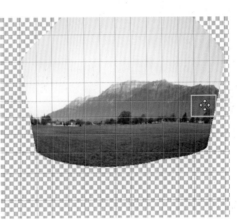

图8-60

图8-61

不过，上面这种方法对于柱形和球形全景图则会失效，此时可以使用设置居中点的方法来校正这些对称型弯曲的全景图。

如图8-62所示，这张全景图的水平线中部向下凸起。在处理时，可以选择上方工具栏中的"设置居中点"工具┿，沿着画面中的垂直中心（即雕像处）仔细寻找水平位置，找到正确的水平位置后，单击鼠标左键即可快速矫正图像，如图8-63所示。

图8-62 图8-63

另外，也可以使用PTGui Pro的"垂直线和水平线控制点"工具来校正拉直全景图。如图8-64所示，这张照片可以非常明显地看出其中有倾斜的现象。

图8-64

切换至"控制点"窗口，将左右两个窗口都设置为1号源图像，在"控制点类型"下拉列表框中选择"垂直线"选项，然后在铁塔和门式起重机的柱子上各创建两个交叉的控制点，生成两对垂直线控制点，如图8-65所示。

图8-65

然后打开全景图编辑器，选择"编辑"→"拉平全景图"命令，即可对全景图进行矫正操作，如图8-66所示。

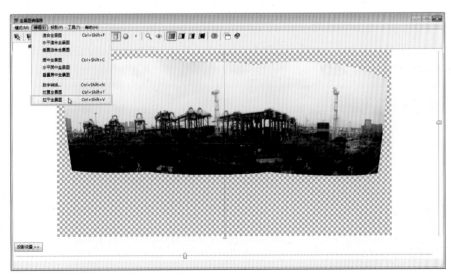

图8-66

3 对画面中的瑕疵进行修复

对拼接好的全景图来说，初看之下可能觉得没什么问题，可是放大显示后，也许会发现其中的小瑕疵，这些小瑕疵虽然不会影响平面的欣赏效果，但对于品质要求较高，或者在漫游场景下观看时，就难免影响画面的观赏效果。如图8-67所示，画面中存在一处瑕疵。

图8-67

对于这些瑕疵的修复，可以先使用Pano2VR将全景图分切为立方体面，然后运用Photoshop的修复工具修复瑕疵，如图8-68所示。

图8-68

4 校正全景画面的偏色问题

在拍摄全景图时，即使你锁定了相机的白平衡参数，但由于拍摄环境中的光线、角度等因素，尤其是在光线角度比较低的户外，或者夜晚以及室内灯光等环境中，很可能导致全景照片出现偏色的问题。

例如，在室内灯光下拍摄全景图时，如果采用了较低的色温值拍摄，那么画面色调会偏冷，而普通人则更容易接受偏暖的环境色调，对比效果如图8-69所示。

图8-69

在后期处理时，可以使用Photoshop、Lightroom等软件对偏色的照片进行处理。下面以Photoshop为例，介绍具体的操作方法。

（1）在Photoshop中打开需要调色的全景图，如图8-70所示。

（2）在菜单栏中，选择"滤镜"→"Camera Raw滤镜"命令，如图8-71所示。

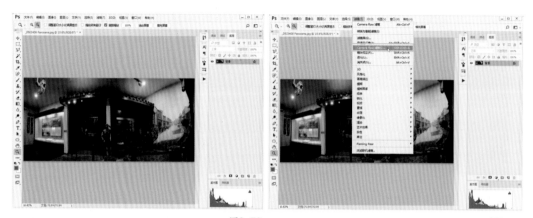

图8-70   图8-71

（3）打开"Camera Raw滤镜"工具，如图8-72所示。可以在"白平衡"选项区中调整相应的"色温"和"色调"参数，也可以使用"白平衡"工具，或者两者结合使用来校正偏色问题。

（4）使用"白平衡"工具单击画面中灰色部位的校正效果，如图8-73所示。

图8-72   图8-73

（5）可以使用"色温"和"色调"参数来进行微调，如图8-74所示。

（6）还可以使用Photoshop中的各种影调调整命令来校正全景图的偏色。例如，在"图层"面板中新建一个"曲线"调整图层，展开其属性面板，如图8-75所示。

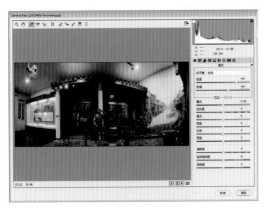
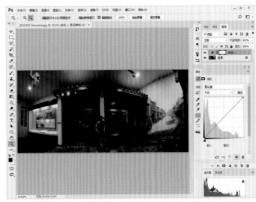

<table>
<tr><td>图8-74</td><td>图8-75</td></tr>
</table>

（7）在"曲线"属性面板中，将曲线网格底部的黑色滑块调整至最右端，观察画面的明暗变化，找到第一个高亮区域，然后向左调整至该区域附近，如图8-76所示。

（8）选取工具箱中的"吸管"工具，按Shift+Alt组合键的同时，单击这个高亮区域，标记图像中的白场取样点，如图8-77所示。

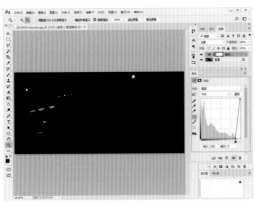
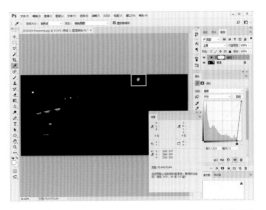

<table>
<tr><td>图8-76</td><td>图8-77</td></tr>
</table>

（9）在"曲线"属性面板中将白色滑块调整至最左侧，然后向右回调至第一个最暗区域的出现位置，并使用"吸管"工具在画面中标记出来，如图8-78所示。

（10）查找画面的中灰区域，确认灰场，也就是中性灰（R=G=B=127）。单击"图层"面板底部的"创建新图层"按钮，新建一个空白图层，然后选择"编辑"→"填充"命令，弹出"填充"对话框，设置"内容"为"50%灰色"，如图8-79所示。

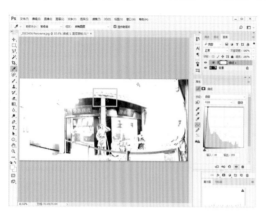

图8-78   图8-79

（11）单击"确定"按钮，填充颜色，并设置图层混合模式为"差值"，如图8-80所示。

（12）新建一个"阈值"调整图层，在属性面板中将滑块调整至最左侧，然后回调至第一个黑色区域，使用"吸管"工具编辑图像灰场取样点，如图8-81所示。

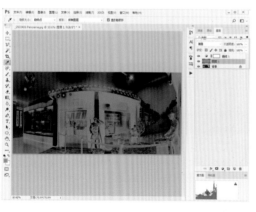

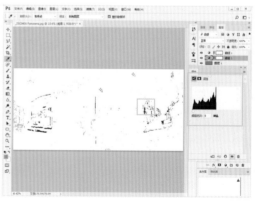

图8-80   图8-81

（13）删除"图层1"图层和"阈值"调整图层，在"曲线"属性面板中选择"在图像中取样已设置黑场"工具 ✐，单击前面标记的黑场取样点，如图8-82所示。

（14）在"曲线"属性面板中选择"在图像中取样已设置灰场"工具 ✐，单击前面标记的灰场取样点，如图8-83所示。

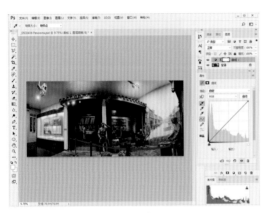
图8-82

图8-83

（15）在"曲线"属性面板中选择"在图像中取样已设置白场"工具 ✐，单击前面标记的白场取样点，如图8-84所示。

（16）执行上述操作后，即可通过Photoshop中的"曲线"命令来校正偏色的全景图，效果如图8-85所示。

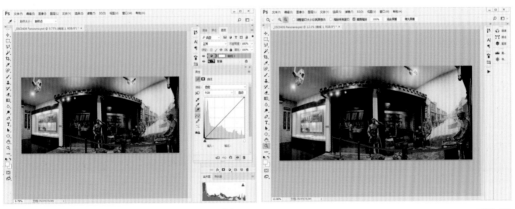
图8-84　　　　　　　　　　　　　　　　　　　　　　图8-85

另外，用户应尽可能选择双格式，也就是JPG和RAW两种格式，如图8-86所示。在处理RAW格式的源图像时，可以在后期选择统一的白平衡模式，如图8-87所示。

图8-86

图8-87

5 对全景影像进行降噪处理

由于全景影像的显示比例远大于普通照片，用户在漫游浏览时喜欢放大查看其中的局部细节，此时，照片中的噪点就会比较明显。如果在前期拍摄过程中，镜头表面比较脏，或者有灰尘的附着，噪点会更加严重。如图8-88所示，天空中布满了噪点，严重影响全景图的品质。

需要注意的是，锐化与噪点就好比一枚硬币的正反两面，过度的锐化会让噪点变得明显，而大幅度的降噪则会导致细节模糊。因此，处理这些细节的关键就在于如何把握锐度与噪点之间的平衡。

图8-88

下面介绍使用Photoshop对全景影像进行降噪处理的操作方法。

（1）在Photoshop中打开需要进行降噪处理的全景图，如图8-89所示。

（2）选择"滤镜"→"Camera Raw滤镜"命令，弹出Camera Raw对话框，如图8-90所示。

图8-89 图8-90

（3）在左下角的"选择缩放级别"下拉列表框中选择100%视图级别，放大图像，此时可以清楚地看到照片中的噪点，如图8-91所示。

（4）展开右侧的"细节"面板，设置"明亮度"为68、"明亮度细节"为33、"明亮度对比"为19，即可减少画面中的噪点，效果如图8-92所示。

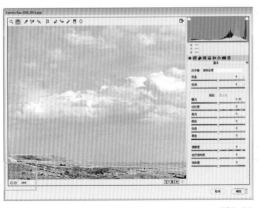

图8-91 图8-92

（5）在"细节"面板中设置"颜色"为72、"细节"为56，即可减少画面中的颜色噪点，效果如图8-93所示。

（6）在左下角的"选择缩放级别"下拉列表框中选择"符合视图大小"选项，效果如图8-94所示，单击"确定"按钮，完成图像的编辑操作。

图8-93

图8-94

经过降噪处理后，即可消除画面中的噪点，让天空更加碧蓝纯净，效果如图8-95所示。

图8-95

专家提醒

观察噪点时最好把照片放大到100%，甚至更大。充满普通显示器的尺寸往往无法清晰地显示噪点，而当放大照片后，噪点就变得很明显——这也提醒用户，如果不是处理全景图，而只需要使用小尺寸的照片，很多时候其实可以完全忽略轻微的噪点问题。

6 对全景影像进行锐化处理

几乎任何一张照片的处理都离不开降噪与锐化两大操作，这一点想必大家都有所体会。对全景影像来说，成功的锐化取决于正确的判断，影响判断的重要因素之一是画面中的噪点数量。

在Photoshop的Camera Raw滤镜插件中，展开"细节"面板，上半部分就是锐化区域，一共包含4个不同的锐化选项，可以通过该功能来锐化全景影像，使其更加清晰。

（1）数量。代表了锐化的强度，Camera Raw允许用户在0~150的范围里设置锐化数量。如图8-96所示，很清楚地显示了数量0（即关闭锐化）与数量150之间的巨大差距。锐化不足时，画面会不够锐利，锐化过度时，则会产生明显的噪点，因此锐化强度要寻找两者之间的平衡。

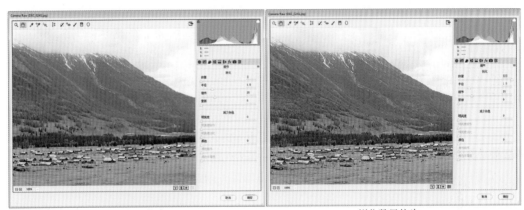

锐化数量值为0　　　　　　　　　　　　　　锐化数量值为150

图8-96

（2）半径。这是最基本的锐化参数。过强的锐化会产生不真实的感觉，这是因为细节受到了损失，而半径就是决定这种损失的范围。半径设置得越低，照片的细节保留就越好；半径设置得越高，则细节损失越明显，过高的半径设置会让照片看起来失真。如图8-97所示，显示了"半径"选项对照片的影响。

专家提醒

使用锐化操作时，用户必须记住一个相当实用的快捷键——Alt键。按住Alt键拖动命令滑块可以使用蒙版的方式观察锐化效果，这是一个相当有用的功能。同时，在观察锐化效果时，一般要把照片放大到100%，这样才能更准确地看到锐化给照片带来的影响。

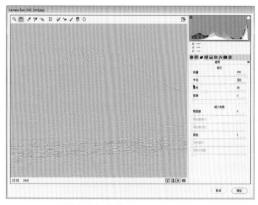

锐化半径值为0.5

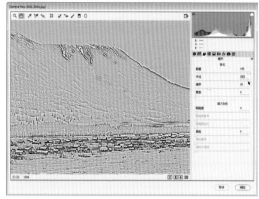

锐化半径值为3.0

图8-97

（3）细节。这是指定义边缘的方式。细节设置得越低，会越倾向于寻找明显的边缘而对轮廓进行锐化；细节设置得越高，将越倾向于对纹理和细节进行锐化，如图8-98所示。高的细节设置能使锐化效果看起来更强一些，但是也更容易导致对噪点的过分锐化。

（4）蒙版。这能够决定设置的锐化参数应用到照片的哪个部分。当蒙版值为0时，整张照片都将被锐化。随着蒙版值的提高，锐化越来越被局限在明显的区域。如图8-99所示，是按住Alt键后显示的蒙版情况，白色的部分代表应用锐化，而黑色的部分代表不应用锐化。可以很清楚地看到，当蒙版为80的时候，锐化被限制在较大的轮廓上，内部区域有很多都不受锐化的影响。

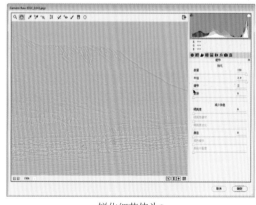

锐化细节值为0

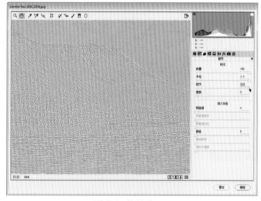

锐化细节值为100

图8-98

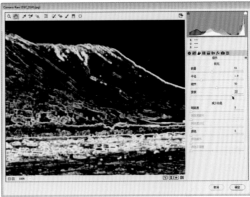

锐化蒙版值为0　　　　　　　　　　　　　锐化蒙版值为80

图8-99

　　本案例选用的是一张大场景的全景图，对于这些场景画面宏大的照片或是有虚焦的照片，以及因轻微晃动造成拍虚的照片，在后期处理时可以使用Camera Raw滤镜插件中的"细节"面板相对提高清晰度，找回图像细节，如图8-100所示。

7 校正全景图中的对接位差

　　在使用接片软件合成全景图时，由于拍摄时镜头焦距太长或者镜头与物体的距离过近，以及接片时局部图像出现扭曲变形等原因，会导致合成的全景图中某些物体出现对接位差的现象，此时可以通过Photoshop来对局部图像进行变形处理，校正对接位差。

　　（1）如图8-101所示，这张照片采用了4张单元照片进行拼接。

图8-100

图8-101

（2）放大图像后，可以看到在第1张源图像和第2张源图像的接缝处，出现了比较明显的错位，如图8-102所示。

图8-102

（3）在Photoshop中放大显示图像，并使用"矩形选框"工具在错位的图像周围创建一个选区，如图8-103所示。

（4）按Ctrl+J组合键，拷贝粘贴选区内的图像，得到一个新图层，如图8-104所示。

图8-103   图8-104

（5）按Ctrl+T组合键，调出"变换"控制框，在控制框中单击鼠标右键，在弹出的快捷菜单中选择"斜切"命令，如图8-105所示。

（6）将鼠标指针移至"变换"控制框右侧中间的控制点上，单击鼠标左键并向下方拖曳，如图8-106所示。

图8-105   图8-106

（7）至合适位置后，按Enter键确认变换操作，再次调出"变换"控制框，将图像适当拉长，并使用"橡皮擦"工具擦除多余的图像，效果如图8-107所示。

（8）也可以激活"背景"图层，并选择这两个图层，然后选择"编辑"→"自动混合图层"命令，弹出"自动混合图层"对话框，并在"混合方法"选项区中选中"全景图"单选按钮，即可自动将两个图层进行混合，校正其中的对接位差，如图8-108所示。

图8-107

图8-108

如图8-109所示，为校正错位后的全景图效果。

8 保护和扩展全景动态范围

在优化和调整全景图时，首先要保护其动态范围不受破坏，并在此基础上，尽可能地扩展其动态范围，使其获得更多的调整空间。

（1）保护动态范围。

在后期对全景图进行整体调整时，如色阶、曝光度、曲线、亮度/对比度、阴影/高光等影调命令，此时对于动态范围的保护工作尤为重要，应时刻观察图像的高光部分，可以通过直方图来观察，避免被剪切，如图8-110所示。

如果无法避免这个问题，那么用户可以拷贝图像，并利用图层蒙版和画笔来恢复底部的正常图像，然后再合并，并进行后面的处理。

图8-109

激活直方图中
的高光修剪警

图8-110

（2）扩展动态范围。

对全景影像来说，每次拍摄的单元图像通常都是低动态范围，因此具有较大的扩展空间，可以利用Photoshop中的"阴影/高光"命令来进行扩展，如图8-111所示。

在"阴影/高光"对话框中，"阴影"选项区主要针对曝光不足的区域进行动态范围的扩展，"数量"的值越大则调整的幅度也越大，"色调宽度"可以控制阴影色调的修改范围，而"半径"则可以控制每个像素周围相邻像素的大小，"高光"选项区主要针对曝光过度的区域进行动态范围的扩展，并且不会影响画面的阴影区域。

图8-111

如图8-112所示，分别为没有扩展动态范围（上图）和扩展动态范围并进行后期调整（下图）的全景图效果对比。

图8-112

在调整和润饰全景图时，很多时候用户不希望对整张照片进行全局调整，而只想针对照片的特定区域进行校正。例如，需要在人物照片中增加面部的亮度，使其变得突出，或者在风景照片中增强蓝天的显示效果。通过使用Photoshop，拍摄者可以十分方便地对全景图中的局部细节进行优化，获得更高品质的全景影像。

例如，在拍摄自然风光全景图时，最重要的表现方式就是色彩，不同的色彩可以向人们呈现出不一样的视觉效果。Photoshop不仅可以对照片整体进行颜色的调整，还可以通过调整"画笔"工具更改特定区域的颜色。本案例就是一张海边拍摄的风景照片，画面的天空部分过亮，导致天空的细节缺失，在后期处理中运用Camera Raw滤镜中的"调整画笔"工具加深天空的蓝色，恢复天空的画面细节，如图8-113所示。处理后的效果如图8-114所示。

图8-113

图8-114

PART 09

第 9 章
HDR 影像,
高动态全景
摄影技术的
应用

UNIT

01 认识HDR高动态全景摄影

高动态范围中的"动态范围"是指光的亮度的动态范围，也就是画面中的最高亮度到最低亮度的可见光的变化范围。"动态范围"的英文为Dynamic Range，缩写为DR，而高动态范围的英文则为High Dynamic Range，缩写为HDR，HDR可以实现更大的曝光动态范围，即更大的明暗差别。

1 HDR动态合成是什么

在拍摄一些大光比、高反差场景时，相机的宽容度可能无法满足要求，要么暗部区域曝光不足，要么高光区域曝光过度，要么高光、暗部都有损失。此时，HDR动态合成就是解决这种问题的一种摄影技术，它可以将一张照片按照不同的曝光要求分解为多张照片，如高光、暗部、中间调等，然后通过后期软件将这些照片进行合成处理，从而将照片的动态范围扩大，让画面层次感更强烈，产生符合真实视觉的画面感。

如图9-1所示，4张照片中，既有最亮的晚霞光线，又有地面最暗的阴影，最后为HDR合成效果，不管是高光区域的晚霞，还是暗部区域的地面，曝光都令人满意。

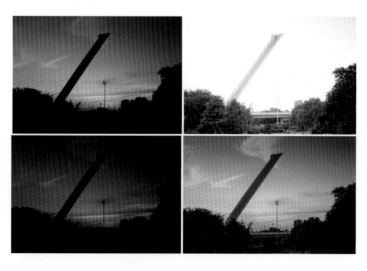

图 9-1

2 使用手机拍摄HDR影像

HDR高动态摄影技术可以给摄影艺术带来更大的拓展空间，可以非常准确地重现场景中的高光、暗部和中间调，同时让照片中各级色阶的细节、层次更丰富，且更具有质感。如今，很多手机都具有HDR拍摄模式，如图9-2所示。

图 9-2

专家提醒

在手机的扩展镜头列表中选择HDR选项后，即可进入HDR拍摄模式，不同品牌的手机设置方式可能有一定差异，大家可以多试一试，找到自己比较中意的模式即可。

HDR拍摄模式主要是通过连续拍摄3张不同曝光参数值的照片，然后自动选取其中曝光最合适的部分进行合成处理，如图9-3所示。

曝光不足　　　　　　　　　曝光正常　　　　　　　　　曝光过度

图 9-3

不过，在手机中使用HDR模式拍摄照片时，通常要比普通拍摄模式的时间更长，这是由于它要拍摄多张照片进行合成，但对于画面效果的提升还是很不错的，如图9-4所示。

手机正常曝光的照片效果　　　　　　手机使用HDR模式后的照片效果

图 9-4

3 　使用单反相机拍摄HDR影像

大多数单反相机都具备HDR拍摄模式。下面就以佳能EOS 6D进行操作的讲解。

（1）旋转相机顶部右边的模式拨盘，将其拧到SCN挡，如图9-5所示。

（2）按Q键选择"HDR逆光控制"拍摄模式，如图9-6所示。注意，将图片存储格式设置为RAW。

图 9-5　　　　　　　　　　　　　　　图 9-6

专家提醒

SCN场景模式会根据相机预设的程序进行自动曝光，比自动曝光模式的针对性更强，因此拍摄出来的照片效果也更好。

在"HDR逆光控制"模式下，单反将快速连续拍摄3张不同曝光数值的照片，然后取长补短地寻找其中的高光和暗部细节，并将其合并为一张照片，如图9-7所示。

如图9-8所示，为使用HDR模式拍摄19张单元照片进行全景拼接的效果。

图 9-7　　　　　　　曝光不足　　　　　　　曝光正常　　　　　　　曝光过度

图 9-8

UNIT

02 **捕获高动态范围影像的技巧**

高动态范围影像可以极大地保留高光和暗部区域的细节，而全景影像的亮度范围同样具有高动态性的特点，因此常常会应用到HDR摄影技术。

1 选择适合的拍摄场景

在拍摄全景影像时，如果相机的可用动态范围无法满足拍摄需求，那么使用高动态范围就是很好的解决方法。当然，HDR还必须用对地方，用不好就是画蛇添足，用对了才能画龙点睛，它非常适合拍摄风景和静物，恰当的使用能为照片增色添彩。

如图9-9所示，在拍摄这种场面非常大的城市风景照片时，画面中会出现比较明显的高光和暗部区域，此时采用HDR可以降低过大的明暗对比，改善全景图中的诸多细节。

2 捕获和重现动态范围

在使用HDR拍摄全景影像时，我们还需要充分了解和利用相机的相关设置，不要一味地使用自动模式，而应该尽可能手动调整各种参数，采用默认的曝光、对比度（线性）和饱和度，并将锐化功

图 9-9

图 9-10

能关闭，而且所有的单元照片应采用相同的设置。总之，需要针对不同的拍摄场景和光线情况，充分结合摄影器材的捕获能力与拍摄者要表现的动态范围，从而合理确定场景中需要捕获和重现的动态范围。对于那些不需要表现的动态范围可以舍弃，而对于那些必须表现的动态范围，则要努力捕获和重现。

　　例如，在拍摄较大的室内全景图时，就可以采用HDR来捕获和重现动态范围，以便刻画出更多的细节内容，如图9-10所示。

【摄影：申雷清】

3 全景HDR摄影的测光

点测光是比较适合全景HDR摄影的测光方式。在拍摄HDR全景时，首先将相机固定在三脚架上，然后进行构图，并使用评价测光模式拍摄第1张照片，在相机中回放照片，找到其中的曝光不足和曝光过度的部分。

接着将相机的测光模式调到点测光，分别对曝光不足和曝光过度的部分进行测光，获得相应的曝光参数，然后分别拍摄，并记录数值，推算出包围曝光的±EV级数，确定中间一级的曝光量，从而设置包围曝光参数。

4 对动态范围进行取舍

对全景HDR摄影来说，我们需要学会对动态范围进行取舍。确认全景场景的动态范围后，我们即可推算出要使用多少张照片进行包围曝光，以及大致的曝光范围。首先拍摄一张曝光正常的照片，然后围绕这个正常的曝光值，适当地增加或者减少曝光，根据需要捕获和重现全景场景的动态范围，曝光范围大致控制在±2EV左右。

如图9-11（a）所示，为作者使用相同角度拍摄的一组照片，由于环境中的光比并不大，因此将曝光加减的级数设置为0.5EV，一共拍摄了5张不同曝光值的照片。拍完一组不同曝光参数的照片后，即可在后期进行HDR色调映射与合成处理。图9-11（b）为处理后的照片。

| −1EV | −0.5EV | 0EV | 0.5EV | 1EV |

（a）

（b）

图 9-11

5 拼接HDR全景影像

在PTGui Pro中拼接HDR全景影像与普通的全景图方法一致，拍摄者可以在"曝光/HDR"窗口中选中"启用HDR拼接"复选框，设置"方法"为"真的HDR"，拼接到HDR图像，可以选择性地进行色调映射，如图9-12所示。

如果拍摄者无须创建中间的HDR图像，也可以使用"曝光融合"方案来单独合并包围曝光。

图 9-12

另外，在"创建全景图"窗口中，建议将"LDR文件格式"设置为TIFF，并在"输出"选项区中，设置LDR为"混合平面"，如图9-13所示。这样PTGui Pro会为不同曝光量的影像分别创建一张全景图。

图9-13

如图9-14所示，为使用PTGui Pro创建输出的3张不同曝光量的全景图，每张依次减少1EV的曝光量。

图9-14

专家提醒

对高动态范围全景图像来说，只有经过色调映射后，才能观察到图像匹配对齐的效果。

UNIT

03 高动态影像专业软件Photomatix Pro

Photomatix Pro不但可以合并同一场景中不同曝光级数的源图像，获取32位的高动态图像，而且还能通过色调映射或者曝光融合等将图像处理为LDR（低动态范围）图像，让其在显示器和相纸上显示出来。

1 选择适合的拍摄场景

Photomatix Pro的顶部菜单栏包括6个菜单命令，分别为"文件""处理""自动化""实用程序""视图"和"帮助"，选择"视图"→"首选项"命令，弹出"首选项"对话框，在其中可以进行一些比较重要的设置，如图9-15所示。

（1）General（常规）选项卡。包括"刷新预览""启动色调映射"，以及"设置当前预览"等选项，将"预设缩略图方向"设置为"相同图像方向"，其他保持默认设置即可，如图9-16所示。

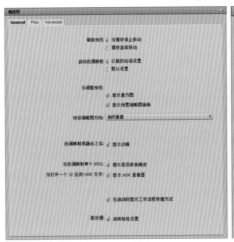

图9-15

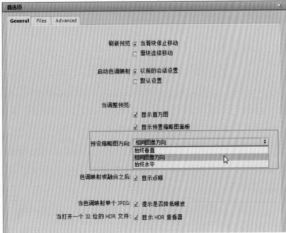

图9-16

（2）Files（文件）选项卡。包括"省略""默认保存目录""使用质量保存JPEG文件""标签已保存的图像与关键字""我的预设目录"等选项，主要设置方法如图9-17所示。

（3）Advanced"高级"选项卡。主要包括"使用最多核心""目录临时文件""显示提示您输入，如果输入HDR文件"，以及"重置窗口位置"等选项，主要设置方法如图9-18所示。

图 9-17

图 9-18

2 生成32位高动态图像

Photomatix Pro可以载入包围曝光源图像，快速生成32位高动态图像。

（1）首先载入图像，可以直接将图像拖曳到Photomatix Pro窗口，也可以使用"文件"→"打开"命令选择图像，还可以通过"工作流程"对话框载入包围曝光的多个源图像。

（2）接下来对源图像进行预处理，可以是JPEG、TIFF、RAW等包围曝光图像。例如，载入RAW格式的源图像后，会弹出"RAW处理选项"对话框，可以根据源图像的噪点、色彩、白平衡、颜色空间等情况进行适当的调整和改善，如图9-19所示。

（3）单击"确定"按钮，弹出"合并到HDR选项"对话框，如图9-20所示。其中，"对齐源图像"选项主要解决在拍摄时由于相机晃动造成的源图像不一致的问题；"显示选项移除幻影"选项主要是解决连续拍摄时动态物体运动产生的重影或残影等问题；"减少噪点"选项主要用于降低高动态图像的噪点，如图9-21所示；"减少色差"选项主要用于控制色差，在拍摄全景图的源图像时，经常要面对运动物体和高反差环境，在这种情况下，经过色调映射和曝光融合处理会放大其中的色差问题，因此可以通过该功能来消除；"RAW转换设置"选项主要用于设置导入的RAW格式源图像的白平衡和基色，拍摄者还可以单击"预览示例"按钮先在一张源图像中观察实时效果，如图9-22所示。

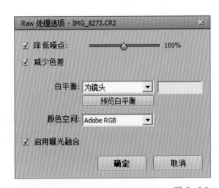

图 9-19

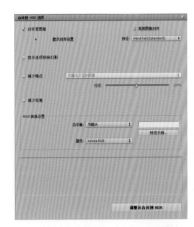

图 9-20

图 9-21

图 9-22

（4）单击"调整并合并到HDR"按钮，即可开始转换文件，计算机会自动计算包围曝光的源图像，如图9-23所示。

（5）选择"视图"→"调整HDR图像的视图"命令，可以看到"向上曝光"和"向下曝光"两个子命令，拍摄者可以根据需要进行选择，调整图像的曝光，如图9-24所示。例如，选择"向上曝光"后的效果如图9-25所示。

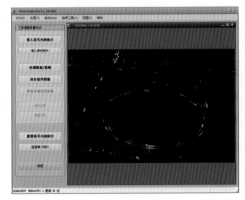

图 9-23

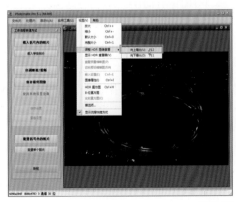

图 9-24

（6）选择"视图"→"显示HDR查看器"命令，可以打开"HDR查看器"窗口，随着鼠标在高动态图上的移动，可以显示100%原图大小的局部图像，如图9-26所示。

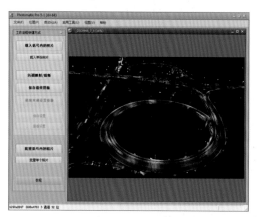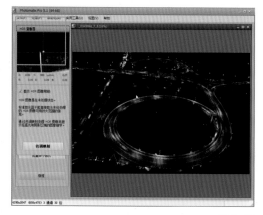

图 9-25　　　　　　　　　　　　　　　　　　　　　　　　　　　图 9-26

在"实用程序"菜单中，可以对高动态图像进行简单的编辑处理，如裁切、调整大小、旋转、减少色彩、减少杂色、展开镜像球等，功能不多，但非常实用。最后是保存32位高动态图像，可以选择"文件"→"另存为"命令来进行保存。32位高动态图像可以保留图像中的所有光色信息，实现后期的无损编辑处理，从而更好地进行色调映射或曝光融合处理。

3　Photomatix Pro的图像处理模式

在"HDR查看器"窗口中，单击"色调映射"按钮，即可进入编辑界面，如图9-27所示。在底部有一个"预设"面板，可以在其中选择图像处理模式，例如，这里选择"细节增强器"中的"绘图"模式，如图9-28所示。

此外，还可以在左侧的窗格中调整强度、颜色饱和度、色调压缩、细节对比度、灯光效果等参数，稍微增强画面的对比，调整后的效果如图9-29所示。

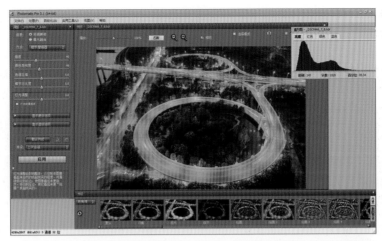

图 9-27

图 9-28

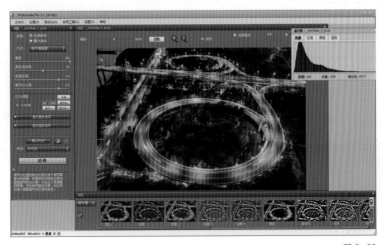

图 9-29

对HDR影像进行色调映射处理

色调映射的主要目的是将HDR影像进行压缩，让其可以在相纸、显示器等低动态范围介质上呈现出HDR影调效果，简单来说，就是将高动态范围影像转换为低动态范围影像，方便编辑和浏览。

1 使用PTGui Pro的色调映射工具

PTGui Pro的色调映射操作比较简单，但功能也非常强大，同时还可以与全景拼接一起完成。首先将源图像导入到PTGui Pro软件中，然后切换至"曝光/HDR"窗口，选中"启用HDR拼接"复选框，将"方式"设置为"真的HDR"，并单击"色调映射设置"按钮，如图9-30所示。

执行操作后，即可弹出"色调映射"对话框，有"基本设置"和"高级"两个选项卡，如图9-31所示。其中，"基本设置"选项卡包括了压缩、饱和度、亮度、对比度、半径、动态半径调整等功能。

图 9-30

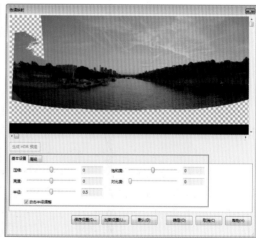

图 9-31

"高级"选项卡包括白色加权、红色加权、绿色加权以及蓝色加权等调整功能，如图9-32所示。参数设置完成后，单击"确定"按钮。切换至"创建全景图"窗口，将存储格式设置为HDR或TIFF，在输出选项中选中"HDR全景图"复选框，如图9-33所示。单击"创建全景图"按钮，即可得到一幅经过色调映射处理的全景影像。

图 9-32

图 9-33

2　使用Photomatix Pro的色调映射工具

Photomatix Pro提供了多种包围曝光的合成方法，如色调压缩、对比度优化、细节增强器等。下面以细节增强器为例，介绍Photomatix Pro的色调映射工具的使用方法。

（1）在Photomatix Pro的"工作流程"面板中单击"载入括号内的照片"按钮，在弹出的对话框中单击"浏览"按钮选择采用不同曝光量拼接后的全景图，如图9-34所示。

（2）弹出"设置曝光值"对话框，检查曝光值，如图9-35所示。

（3）确认无误后单击"确定"按钮，弹出"合并到HDR选项"对话框，根据源图像的情况适当调整相应的参数，单击"调整并合并到HDR"按钮，如图9-36所示。

（4）即可生成一个未经色调映射的HDR影像预览效果，如图9-37所示。

图 9-34

图 9-35

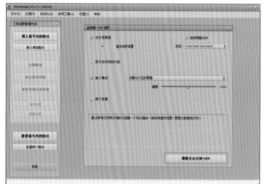

图 9-36

图 9-37

（5）单击"色调映射/熔断"按钮，进入色调映射编辑模式，选择和调整各色调映射相关的控件和参数，单击"应用"按钮即可应用修改，如图9-38所示。

（6）选择"文件"→"另存为"命令，弹出"另存为"对话框，建议将保存类型设置为TIFF格式，如图9-39所示。

（7）单击"保存"按钮，即可保存色调映射处理后的HDR图像，效果如图9-40所示。

图 9-38

图 9-39

图 9-40

05 对HDR影像进行修整和优化

对全景图进行色调映射处理后，很可能会出现一些新的问题，或者放大了原来一些小问题，如局部的色彩失真、伪影、噪点、重影、残影等，因此后期还需要对全景HDR影像进行适当的修整和优化，提高作品的品质。

1 修整色调映射全景图

如图9-41所示，在4张全景图中，前面3张分别为不同曝光量的效果，最后一张为经过HDR色调映射处理的画面效果。

图 9-41

首先将这几张照片分别在Photoshop中打开，在修整时可以挑选1张或者几张用HDR色调映射处理的图片进行调整，尽可能选择色调、光线更加匹配的照片，这里选择的是第2张，如图9-42所示。

将第2张照片与HDR色调映射处理的图片放入同一个Photoshop编辑窗口中，并将HDR色调映射处理的图片置于最上层，添加一个图层蒙版。然后使用黑色的"画笔"工具（设置相应的不透明度和流量值）涂抹需要修整的区域，直至满意为止，如图9-43所示。修整完毕后，合并图层并保存图像即可，效果如图9-44所示。

图 9-42

图 9-43

专家提醒

使用手动拖入图像的操作时，可以在"图层"面板中选择所有图层，然后选择"编辑"→"自动对齐图层"命令，让图层尽可能对齐。如果不同的图层之间出现错位的情况，可以手动调整对齐图层。

图 9-44

2 润饰色调映射全景图

经过HDR色调映射的全景图虽然整体看上去非常漂亮，但一些细节可能还是不太完美，如偏色、模糊、层次感不强、画面不够艳丽、噪点过多等。

因此，对于有问题的色调映射全景图，还需要进行调整色彩校正偏色、锐化图像提升清晰度、调整对比度增强层次感、调整饱和度让颜色更加浓烈以及降噪等润饰处理。如图9-45所示，这是一张色调映射生成的全景图，但没有经过后期处理，可以看到画面中的噪点比较多，而且色彩也比较平淡。如图9-46所示，为经过Photoshop调色和降噪处理的HDR全景图效果。

图 9-45

图 9-46

3 ▷ RAW格式的色调映射

在对动态范围要求不高的情况下，使用单张RAW格式的照片也可以进行色调映射处理，其效果比普通的JPEG格式要更好。RAW格式图片的色调映射处理有以下两种方法。

（1）将RAW格式的照片按照增减曝光的调整，分别输出3张不同曝光量的照片，然后调入色调映射工具中进行相关处理，效果如图9-47所示。

（2）将RAW格式的照片调入PTGui Pro软件中直接进行拼接和色调映射处理，效果如图9-48所示。从对比效果来看，第2种方法得到的色调映射效果明显要好一些，画面中的动态范围更广，可以呈现出更加自然的影调过渡效果。

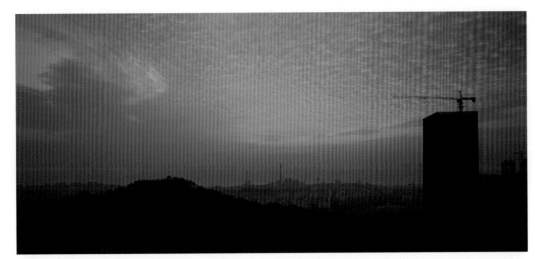

图 9-47

图 9-48

捕获HDR影像的特殊方法

除了对全景图进行色调映射处理外，还可以通过曝光融合与混合图层的方法，扩大影像的动态范围，得到HDR影像效果。

1 融合不同曝光量的照片

曝光融合主要是通过融合不同曝光量的照片，得到一张各区域曝光适当的新照片，可以通过PTGui Pro和Photomatix Pro等软件轻松实现。

以Photomatix Pro为例，导入3张不同曝光量的全景图，将"进度"设置为"曝光融合"，并设置和调整相应的参数，如图9-49所示。单击"应用"按钮确认修改并保存图像即可。

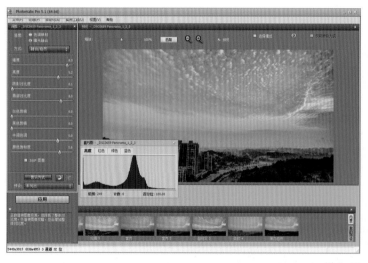
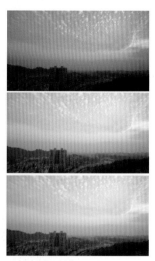

图 9-49

2 通过图层混合新的影像

　　混合图层主要是利用Photoshop的"自动混合图层"功能，重新提取和整合不同曝光量的全景图，并将其混合为一张新的全景影像。

　　在Photoshop中依次打开需要处理的全景图，并将其复制到一个编辑窗口中的不同图层上，全选图层并对齐图层。选择"图层"→"自动混合图层"命令，弹出"自动混合图层"对话框，选中"堆叠图像"单选按钮，如图9-50所示。单击"确定"按钮，即可进行曝光融合，并自动生成蒙版混合为新的全景影像，如图9-51所示。

图 9-50

图 9-51

第 9 章　HDR 影像，高动态全景摄影技术的应用　**271**

合并所有图层，然后保存文件，效果如图9-52所示。可以看到，图像的色调看上去并没有采用色调映射处理那么夸张，基本保持了正常的色调效果，同时也获得了更大的动态范围。

图 9-52

PART 10

第 10 章

全景漫游，360 度、720 度漫游效果的制作

UNIT

01 高动态全景漫游工具Pano2VR

在相纸、显示器等平面介质中通常只能看到球形全景、小行星图，而无法进行漫游，查看完整的全景形态。Pano2VR则可以帮助我们转化全景图的类型和格式，将平面的全景图制作成全景漫游文件。

1 了解Pano2VR的界面功能

Pano2VR的界面比较简单，功能并不多，却比较强大。在菜单栏中，选择"文件"→"设定"命令，如图10-1所示。弹出"设定"对话框，在此可以对Pano2VR的一些基本参数进行设置，如图10-2所示。

图 10-1

图 10-2

其中，在"文件"选项卡中，"目录"用于设置皮肤目录、模板目录以及图片缓存位置的路径，建议不要设置为系统盘；"输出"选项可以修改生成的图像文件的位置以及文件后缀，如图10-3所示。

在"图片"选项卡中，可以将"预览切片尺寸"选项设置为最小尺寸，即256×256；"预览尺寸"则根据自己的计算机性能选择即可，做全景图处理的计算机建议配备一台性能较好的硬件，这样可以获得不错的预览尺寸；"内存大小提示"选项通常设置为计算机内存大小的一半；其他选项一般保持默认设置即可，如图10-4所示。

另外，在"高级"选项卡中，性能较好的计算机可以将"交互热点"设置为"忽略尺寸限制"，如图10-5所示。

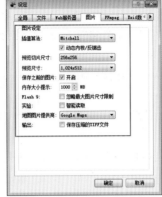

图 10-3　　　　　　　　　　图 10-4　　　　　　　　　　图 10-5

2 全景影像的格式和类型转换

Pano2VR支持的图像格式比较多，在其中添加一张全景图后，单击"输入"选项区中的"转换输入的图片"按钮，弹出"转换全景"对话框，在"格式"下拉列表框中可以查看Pano2VR支持的图像格式，如图10-6所示。

在"类型"下拉列表框中可以查看Pano2VR支持的全景类型，包括矩形球面投影、垂直图片条、水平图片条、垂直十字形图片条、水平十字形图片条、垂直T形图片条、水平T形图片条、立方体面片等，如图10-7所示。

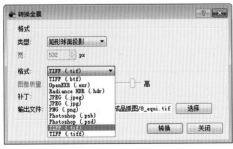

图 10-6　　　　　　　　　　　　　　　图 10-7

在Pano2VR主界面中，将"输出"设置为"变形"后，单击"增加"按钮，如图10-8所示。弹出"变形/缩略图输出"对话框，在"类型"下拉列表框中还可以选择球体、镜面体、极坐标投影（小行星效果）等输出类型，而且还能够调整全景图的尺寸大小和旋转角度，如图10-9所示。

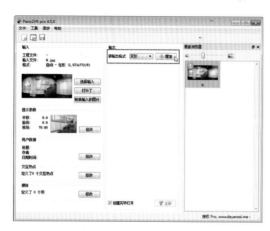

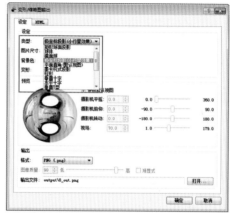

图 10-8　　　　　　　　　　　　　　　　　　　　　　图 10-9

3 720度全景漫游影像的创建方法

下面以Pano2VR为例，介绍创建单场景全景图和多场景全景图的方法。

（1）创建单场景漫游全景图。

首先将全景图导入到Pano2VR软件中，单击"选择输入"按钮，弹出"输入"对话框，在"类型"下拉列表框中选择"矩形球面投影"选项，如图10-10所示。单击"确定"按钮，在主界面中的"显示参数"选项区中单击"修改"按钮，弹出"全景显示参数"对话框，设置相应的参数，摄影机平摇、摄影机俯仰、FoV（显示视角）、视图限制、视场（缩放程度）、正北等，也可以直接使用默认的参数，如图10-11所示。

> **专家提醒**
>
> 　　在"全景显示参数"对话框右侧的图像预览窗口中，使用鼠标拖动预览图，可以确定全景图的初始画面，同时左上角的"当前"参数也会随之变化。
> 　　滚动鼠标滚轮可以调整FoV，默认为70度，调整时要时刻观察，注意图像四周不要产生拉伸变形，最好不要超过90度。

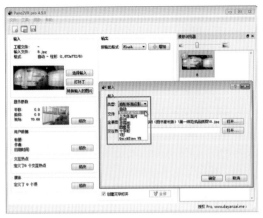

图 10-10 图 10-11

　　关闭"全景显示参数"对话框，在主界面的"媒体"选项区中单击"修改"按钮，弹出"全景媒体编辑器"对话框，可以在此为漫游全景影像添加MP3等媒体文件，如图10-12所示。在主界面的"用户数据"选项区中单击"修改"按钮，弹出"用户数据"对话框，如图10-13所示，用户可以根据需要在此设置标题、描述、作者、日期、版权、来源、信息、评论、纬度、经度、标签等数据信息。

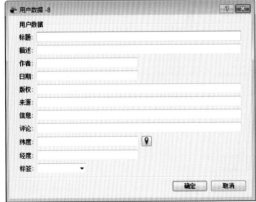

图 10-12 图 10-13

返回主界面，在"输出"选项区中的"新输出格式"下拉列表框中，选择Flash或者HTML5等格式，如图10-14所示。如选择Flash，单击"增加"按钮，弹出"Flash输出"对话框，可以设置和选择相关的输出参数和控件，如图10-15所示。

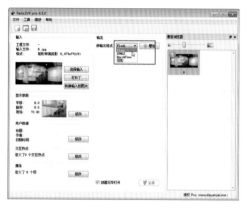

图 10-14

图 10-15

在"皮肤"选项区中，单击"文件"按钮，弹出"打开皮肤"对话框，可以选择一款合适的皮肤，如图10-16所示。单击"打开"按钮，即可添加皮肤，如图10-17所示。单击"确定"按钮，即可完成单场景漫游全景图的制作。

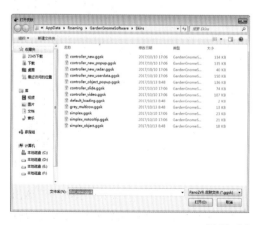

图 10-16

图 10-17

（2）创建多场景漫游全景图。

多场景漫游全景图至少包括2个以上的全景场景，并且其中包含了相关的链接，在不同场景之间可以进行跳转操作。首先在Pano2VR中创建一个空的Flash格式的输出文件，如图10-18所示。选择"文件"→"另存为批处理快捷方式"命令，如图10-19所示。

图10-18　　　　　　　　　　　　　　　　　　　　　　　　　　　　　　　　图10-19

执行操作后，弹出"转换全景"对话框，设置相应的名称，如图10-20所示。单击"创建"按钮，即可在计算机桌面上生成一个批处理快捷方式，如图10-21所示。

图10-20

图10-21

选择要进行批处理的全景图，将其拖曳至该批处理快捷方式图标上，如图10-22所示。弹出"进度"对话框，显示全景图转换进度，如图10-23所示，转换完成后，将自动生成一个output文件夹，其中包括相关的swf文件与html文件。

接下来确定主图，打开要作为主体的全景图，修改相关参数，如图10-24所示。单击"显示参数"选项区中的"修改"按钮，弹出"全景显示参数选项"对话框，设置相应的参数，如图10-25所示，单击"确定"按钮。

图 10-22

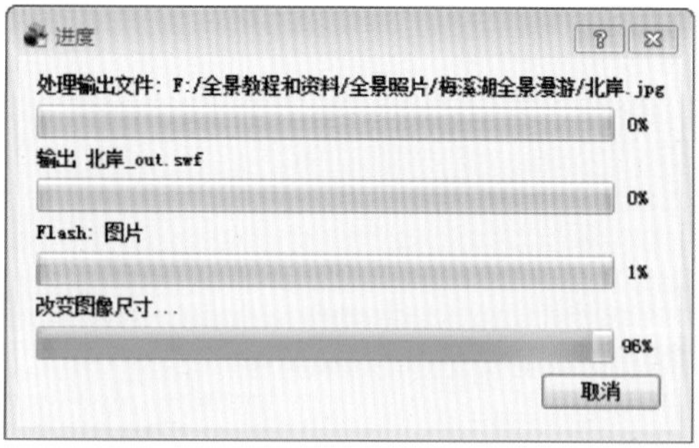

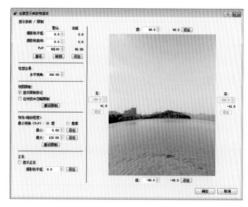

图 10-23

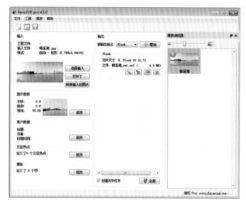

图 10-24

图 10-25

单击"用户数据"选项区中的"修改"按钮，弹出"用户数据"对话框，设置相应的标题和描述，如图10-26所示，单击"确定"按钮。单击"交互热点"选项区中的"修改"按钮，弹出"交互热点"对话框，包括"交互热点" ⊕ 和 "多边形交互热区" ⬠ 两种类型，可任意选择。这里选择交互热点方式，在全景预览图中找到需要添加热点链接的位置，使用鼠标左键双击，激活参数区，并设置需要的参数，如图10-27所示，单击"确定"按钮。

在"输出"选项区中，单击"创建输出文件"按钮 🖼，如图10-28所示。弹出信息提示框，单击"确定"按钮保存工程文件，同时打开Web窗口预览生成的全景漫游文件，如图10-29所示。

图 10-26

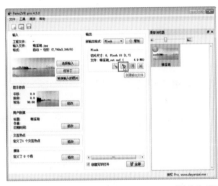

图 10-27

图 10-28

图 10-29

使用鼠标拖曳转动全景漫游影像，并单击中间的红色交互热点，即可跳转到相应的全景场景中，如图10-30所示。另外，用户也可以在皮肤文件中设置缩略图，同样可以在主图上实现简单的交互操作。

图 10-30

UNIT

02 360度全景影像的创作形式

> 对360度全景图来说，还可以以平面形式展现出来，如矩形、小行星、圆形等。本节将介绍360度全景影像的创作形式，让全景图呈现出更多的艺术形态。

1 制作矩形全景照片

从360度全景图转换为矩形全景图片，主要是运用裁剪的方式，去除空旷的前景，并保留适当的顶部和底部，将其裁剪为3:1或者4:1等画幅的全景图，如图10-31所示。

图 10-31

2 制作小行星全景影像

360度全景图可以给欣赏者带来非常震撼的观看视角，让大家最大限度地欣赏到更多的美景，其中小行星视角就是一种非常炫酷的360度全景图表现形式，如图10-32所示。

下面以PTGui Pro为例，介绍制作小行星全景影像的操作方法。

（1）将修补好的全景图导入到PTGui Pro软件中，弹出"相机/镜头数据库（EXIF）"对话框，单击"取消"按钮，如图10-33所示。

（2）在"方案助手"窗口中，在"相机/镜头参数"选项区中设置"镜头类型"为"等距圆柱全景图"、"水平视场"为360度，如图10-34所示。

图 10-32

图 10-33

图 10-34

（3）单击工具栏中的"全景图编辑器"按钮，打开"全景图编辑器"窗口，如图10-35所示。

（4）选择"投影"→"球面：360×180等距圆柱"命令，重新展开全景图，效果如图10-36所示。

图 10-35 图 10-36

（5）选择"投影"→"小行星：300°立体投影"命令，即可将全景投影转换为小行星效果，如图10-37所示。

（6）使用鼠标轻轻拖曳图像，适当调整小行星全景图的构图，效果如图10-38所示。

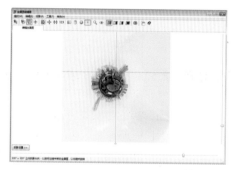

图 10-37 图 10-38

---

3 **制作圆形全景影像**

在PTGui Pro中，圆形全景影像与小行星全景影像的制作方法比较类似，展开全景图后，选择"投影"→"圆形"命令即可，而且也可以在"全景图编辑器"窗口中调整居中点来改善画面的构图。如图10-39所示，为不同视觉效果的圆形全景图。

图 10-39

4 使用Pano2VR创建不同投影的全景图

可以使用Pano2VR来制作不同投影的360度全景图影像，具体操作方法如下。

（1）将全景图导入到Pano2VR软件中，如图10-40所示。

（2）在"输出"选项区中，设置"新输出格式"为"变形"，单击"增加"按钮，如图10-41所示。

图 10-40

图 10-41

（3）弹出"变形/缩略图输出"对话框，在"类型"下拉列表框中选择"极坐标投影（小行星效果）"全景样式，如图10-42所示。

（4）取消选中"使用默认视图"复选框，设置相应的预览参数，如图10-43所示。

图 10-42　　　　　　　　　　　　　　　　　　图 10-43

（5）单击"确定"按钮，即可输出相应投影效果的全景影像，并对其进行适当的修图，效果如图10-44所示。

图 10-44

PART 11

第 11 章

新式设备，
航拍全景、
VR 全景相
机的应用

UNIT

01

全景摄影的新式设备

如今，全景摄影已经不再局限于单反相机，而是出现了各种新式的全景摄影设备，可以帮助用户快速获取优质的全景影像。

1 360度高清智能摄像头

360度高清智能摄像头可以轻松拍摄360度全景影像，同时具有宽动态范围、背光补偿、强光抑制、3D降噪、自动增益、自动白平衡等功能。可以通过手机Wi-Fi与360度高清智能摄像头进行无线连接，然后运用手机控制拍摄，快速生成全景预览图，如图11-1所示。

图 11-1

360度高清智能摄像头采用双电机云台，可以实现上下左右自由选择，水平可视角度达到360度，垂直可视角度也能够达到115度，极大限度上减少了拍摄死角。

2 360度全景相机

360度全景相机采用双鱼眼镜头，可以拍摄旅行、极限运动、骑行记录、派对活动、室内360度全景以及事件等，彻底颠覆传统的照相机概念。

360度全景相机的主要特点如下。

（1）横向360度纵向360度全视角，拍摄720度完整画面。

（2）在手机上可以观看720度任意角度的照片，一键分享。

图 11-2

（3）采用2个210度鱼眼镜头，如图11-2所示，均为7层高清光学玻璃钢F2.0大光圈。

（4）多种拍摄模式，如小行星模式、VR模式、全景模式、球形模式、上/下转换模式。

3 3D全景相机

例如，华为全景相机是一款即拍即看的3D全景相机，支持鱼眼、透视、小行星、水晶球等拍摄模式，拍摄者可以在手机上观看全景照片和视频，欣赏更多精彩的细节。华为全景相机的重量只有30克，可以随身携带，通过数据接口与手机连接，轻松记录身边的美景。

图 11-3

华为全景相机配备双1300万像素、高分辨率镜头，成像质量高、拍照清晰，同时可以采用FHD全高清视频录制，支持30帧拍摄，如图11-3所示。如图11-4所示，为使用3D全景相机进行的拍摄。

图 11-4

4 VR全景相机

VR全景相机可以带来新奇的拍摄视角，入门级有Insta360 Nano、三星 Gear 360、Theta S等，中端级的有LG 360 Cam、360Fly 4K等，专业级的有GoPro Omni、诺基亚 OZO等。下面列举几款有代表性的VR全景相机，分别介绍它们的功能特点。

（1）Insta360 Nano。

Insta360 Nano只支持iPhone6/6S/7/7S等机型，可以让你的iPhone秒变VR全景相机，实现360度无死角全景拍摄，分辨率为3040像素×1520像素。拍摄者可以将Insta360 Nano插入手机的充电口进行连接，同时还可以与三脚架、自拍杆等设备配合使用，即可以用VR的方式分享你的故事，如图11-5所示。

图 11-5

（2）LG 360 Cam。

LG 360 Cam具有1300万像素的双广角镜头（见图11-6），分辨率为 2580像素×1280像素，无论是拥挤的环境，或者是广阔的山脉，都可以为拍摄者带来全方位的精细照片。LG 360 Cam可以通过蓝牙或者Wi-Fi与手机连接，其底部还有一个支架孔，可以固定在三脚架上面，让拍摄时更稳定。

（3）GoPro Omni。

GoPro Omni的外观呈球形，搭载了6个Hero4摄像头，可以实现"像素级同步"，利用6个同步摄像头轻松捕捉360度球面的场景，如图11-7所示。GoPro Omni还包括了一个无线遥控器，能够实现远距离拍摄，官方数据显示最远可达180米。

图 11-6

图 11-7

GoPro Omni集成 了Kolor 拼接解决方案，可以录制8K全景视频。同时，GoPro Omni还推出了GoPro VR和Live VR两个VR平台，GoPro VR主要用于分享 VR 视频，而Live VR则是一个 VR直播工具。

5 超广角全景鱼眼镜头

例如，佳能 TS-E 17mm f/4L是一款搭载了移轴机构的L级超广角镜头，具有移轴旋转功能，而且其倾斜和偏移的相对角度为0度至90度，可以实现特殊的移轴摄影。

另外，佳能 TS-E 17mm f/4L采用特殊的SWC亚波长结构镀膜，可以有效抑制眩光和鬼影的出现。如图11-8所示，是使用超广角全景鱼眼镜头拍摄的图片效果。

图 11-8

图 11-9

VR手机可以一键全维度球形空间成像（见图11-9），随时随地创造VR内容，具有VR全景模式、前后2D模式、小行星模式、鱼眼模式、平面模式等，如图11-10所示。

图 11-10

专家提醒

　　如果你没有预算购买专业的VR全景手机，也可以在手机上安装一些类似效果的APP，如
3D全景相机、Google Camera、万兴全景神拍等APP，零成本拍出一张精美的全景照片。

UNIT

02 全景摄影的案例展示

全景不仅仅是一门摄影技术，它更是一种展现意象的方式，从理论上来说，任何数码设备都可以拍摄全景图，如数码单反相机、卡片相机、手机等。最后，将展示一些令人震撼的全景作品给大家欣赏！

1 全景视频案例

如今，很多3D摄像机可以拍摄全景视频效果。也就是说，观赏者在观看视频时，可以对视频进行360度全方位的旋转，从上下左右等不同的视角观看视频场景，如图11-11所示。

图 11-11

在全景视频中，由360度的全景图组成了其中的每一帧画面，其制作流程如图11-12所示，让观赏者产生身临其境的画面感。

 → → →

全景视频拍摄　　　　全景视频拼接　　　　视频剪辑与处理　　　　跨平台发布

图 11-12

全景视频需要采用专业的设备拍摄，如莱瑞特Hooeye（皓影）全景相机、红龙360度相机、GoPro、Fisheye 280、Bublcam、Google Jump、小蚁相机等。例如，莱瑞特旗下Hooeye（皓影）L170 3D全景相机是一款17目全景影像数据采集设备，能实现无缝完美拼接画面，可以拍摄4K和8K分辨率的高清全景影像，模拟左右眼视觉差实现3D效果，带给观赏者奇妙的视觉盛宴，如图11-13所示。

图 11-13

2 全景VR案例

全景VR与全景视频的区别在于，全景视频主要用于观赏，而全景VR则具有更强的互动性，观赏者可以与其实现各种交互。

例如，在下面这个房产VR案例中，观赏者不但可以旋转画面进行720度浏览，而且可以通过滚动鼠标滚轮放大和缩小画面，同时还能点击标签进入不同的室内场景，甚至还可以播放音乐和视频等，以及切换观察视角等，如图11-14所示。

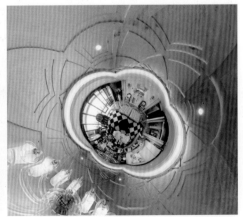

图 11-14

3 ▷ 全景航拍案例

全景航拍对经常使用飞行器拍摄的拍摄者来说想必比较熟悉，全景航拍影像初看之下，就像是一个星球，再仔细观察，它又仿佛是魔法球里面的神奇世界，如图11-15所示。

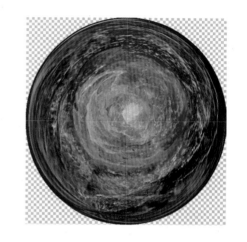

全景航拍与普通的全景图类似，都是由多张平面照片叠加拼接而成，可以将飞行器稳定在一定的高度和距离上悬空，用户在地面通过监视器观察画面，远程遥控拍照与录像，并随时调整云台朝向和拍摄参数。

另外，用户可以下载一些比较简单的全景航拍辅助APP，如FPV Camera、DronePan等。例如，DronePan可以支持机身旋转，而且拍摄转动精度比手动好，更为稳定，拍摄也轻松。

图 11-15